高职高专"十三五"建筑及工程管理类专业系列规划教材

建 筑CAD

主 编 郑日忠
副主编 于 博 张华英
主 审 张燕君

U0303939

西安交通大学出版社
XI'AN JIAOTONG UNIVERSITY PRESS

内　容　提　要

　　本书主要针对目前的AutoCAD辅助设计技术，讲解了最新版本即AutoCAD 2012中文版的使用方法，全书分为四篇共10章，主要包括基本操作和绘图、编辑修改图形层和块操作、文字操作、表格和打印输出，最后以建筑行业的真实案例为参考，讲解了建筑上常用的平面图、立面图、剖面图等综合的图形绘制范例，从实用的角度介绍了AutoCAD 2012的使用。

　　本书充分汲取了高职高专和普通高等学校在探索培养技术应用性专门人才方面取得的成功经验和教学成果，并总结了编者多年的实践教学经验；内容翔实、通俗易懂，并从多年教学中精选出实用的图形案例，既能激发学生的学习兴趣，又能考察学生的制图技能；语言规范、实用性强，能够使读者快速、准确地掌握AutoCAD 2012绘图方法与技巧。

　　本书既可作为高职高专院校、应用型本科院校土建类专业的CAD课程学习用书，也可作为成人教育学院土木工程类各专业计算机绘图教材，也可以作为广大读者快速掌握AutoCAD 2012中文版的实用指导书。

前 言
Foreword

　　AutoCAD 是由美国 Autodesk 公司开发的通用计算机辅助绘图与设计软件包,具有易于掌握、使用方便、体系结构开放等特点,深受广大工程技术人员的欢迎。AutoCAD 已广泛应用于机械、建筑、电子、航天、造船、石油化工、土木工程、冶金、农业、气象、纺织、轻工业等领域。在中国,AutoCAD 已成为工程设计领域中应用最为广泛的计算机辅助设计软件之一。

　　AutoCAD 2012 融入了世界领先的二维和三维设计,软件功能灵活而强大,可以让用户在三维环境中更快地实现文档编制,共享设计方案;强大的编程工具和数以千计的插件使使用户能够根据特定需求定制一套属于自己的 AutoCAD 2012。

　　本书介绍了建筑制图中所涉及的各种方法和技巧,并通过平面图、立面图、剖面图的绘制将这些技巧融会贯通到实战过程。全书共分为四大部分,共 10 章,四部分分别为基础篇、基本技能篇、建筑专业技能篇、建筑专业实战篇。其中第 1 章介绍 AutoCAD 2012 的基本知识和制图必需的辅助知识;第 2 章通过基本图形的绘制和编辑,对二维图形对象进行翔实的介绍;第 3 章通过典型图形介绍了多种修改命令用来巧妙地编辑对象;第 4 章从计算机制图的理念入手介绍图层管理和线型;第 5 章讲解文本、表格应用;第 6 章讲解尺寸标注及适合建筑类的标注设置;第 7 章讲解建筑制图的标准和图案填充;第 8 章讲解图形的输出;第 9 章以图例绘制介绍建筑平面图、立面图、剖面图以及详图;第 10 章以完整实例介绍室内设计图的绘制。

　　本书由浅入深地介绍了 AutoCAD 2012 中文版绘制建筑类制图的各个环节,还提供了编者多年积累的各种不同的图例。本书可作为各类院校工程管理类和土木工程类专业相关课程的教材,亦可作为相关领域人员的学习参考用书。

　　本书由河南建筑职业技术学院的郑日忠负责统稿和定稿并担任主编,副主编为河南建筑职业技术学院于博、张华英,参与编写的还有河南建筑职业技术学院

1

张宇、李奎、刘艳，本书由河南建筑职业职业技术学院张燕君主审。具体的编写分工如下：第1、2章由郑日忠编写，第3章由张宇编写，第4、5、6章由于博编写，第7、8章由李奎编写，第9章由张华英编写，第10章由刘艳编写。书中主要内容来自于编者们几年来使用AutoCAD的经验总结，也有部分内容取自于网络案例，编者对书中的理论讲解和实例示范都作了一些适当的简化处理，尽量做到循序渐进，深入浅出，通俗易懂。

由于成书时间仓促和编者水平所限，书中难免有疏漏之处，敬请读者谅解并予指正。

编者

2015 年 1 月

目 录

Contents

Ⅲ 建筑专业技能篇

Ⅳ　建筑专业实战篇

I 基础篇

第 1 章　AutoCAD 2012 入门基础

教学目标

1. 了解 AutoCAD 2012 的基本功能，以及安装、启动方法
2. 熟悉界面组成
3. 掌握绘图区的工具栏的使用及显示控制的方法，以及常用绘图环境的设置

1.1　AutoCAD 2012 的基本功能

CAD 是英文"computer aided design"的缩写，译为"计算机辅助设计"，是一种交互式绘图程序，最早诞生于 20 世纪 60 年代。AutoCAD 是 Autodesk 公司于 20 世纪 80 年代初为计算机应用 CAD 技术而开发的计算机绘图软件包，用于二维绘图和基础三维设计。从 CAD 技术诞生至今，已经开发出了许多软件，例如 Xsteel、AutoCAD 等，其中 AutoCAD 以其日益强大和完善的功能成为 CAD 的世界标准，也由此产生了一些以 AutoCAD 为图形支撑平台的二次开发软件，例如我国的天正建筑等。

1.2　AutoCAD 2012 的安装和启动

AutoCAD 2012 软件以光盘形式提供，光盘中有名为"setup. exe"的安装文件。软件安装方式与 Windows 操作系统下其他软件相同。

安装 AutoCAD 2012 后，可以选择双击该快捷方式或在开始菜单单击该软件图标等启动 AutoCAD 2012。

1.3　AutoCAD 2012 的界面组成

中文版 AutoCAD 2012 为用户提供了"草图与注释""三维基础""三维建模"和"AutoCAD 经典"四种工作空间模式。点击 ⚙ 用户可根据自己的习惯修改界面模式。在此以 AutoCAD 2012 传统界面进行说明，传统界面主要由菜单栏、工具栏、绘图区域、命令行、状态栏等组成，如图 1-1 所示。

1.3.1　标题栏

标题栏位于应用程序窗口的最上面，其中间显示的文字包含软件名称和当前文件名称，新建文件显示为"AutoCAD 2012 Drawing1. dwg"，其中". dwg"为文件的类型，数字"1"会随着连续新建文件的数量变化而变化。

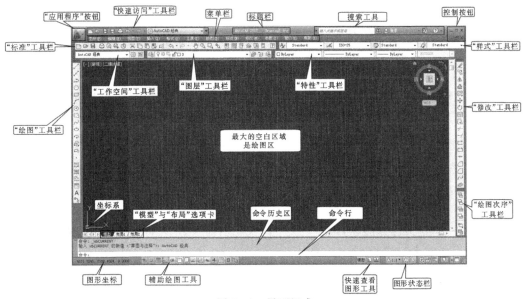

图 1-1　界面组成

在绘图过程开始,要先保存自己的工作文件,以防止电脑或程序出错、断电等意外情况使自己的绘制内容丢失。

1.3.2　菜单栏

中文版 AutoCAD 2012 的菜单栏由"文件""编辑""视图""插入""格式""工具""绘图""标注""修改""参数""窗口""帮助"等按钮组成。

1.3.3　工具栏

工具栏是应用程序调用命令的另一种方式,它包含许多由图标表示的命令按钮。在 Au-toCAD 2012 中,系统共提供了多个已命名的工具栏。默认情况下,"标准""绘图""修改""样式""特性""绘图次序"等工具栏处于打开状态。如果要显示当前隐藏的工具栏,可在任意工具栏上右击,此时将弹出一个快捷菜单,通过选择命令可以显示或关闭相应的工具栏。当光标指向某个工具图标,就会弹出相应的工具提示,同时,启动某命令时,命令行则对应地会出现说明和命令名称。部分工具栏如图 1-2、图 1-3、图 1-4、图 1-5 所示,分别为"绘图"工具栏、"修改"工具栏、"标准"工具栏和"样式"工具栏。

图 1-2　"绘图"工具栏

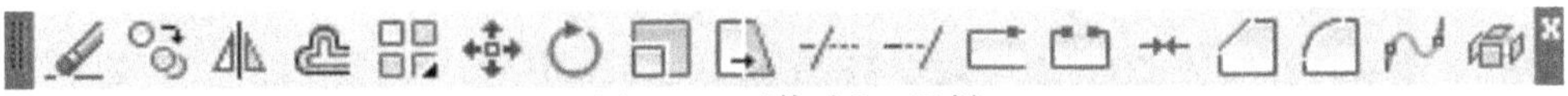

图 1-3　"修改"工具栏

图 1-4　"标准"工具栏

图 1-5 "样式"工具栏

1.3.4 绘图区域

在 AutoCAD*中,绘图区是用户绘图的工作区域,绘图结果都反映在这个区域,存在模型、布局两种模式。

1.3.5 命令窗口

命令窗口是一个可固定且可调整大小的窗口,其中显示命令、系统变量、选项、信息和提示。命令窗口的底部行称为命令行,命令行显示正在进行的操作并提供程序执行情况的精确内部信息。

"文本窗口"是记录命令的窗口,它记录了已选择的命令,也可以用来输入新命令。通过选择"视图→显示→文本窗口"命令或在命令行输入"Textscr"命令,也可以通过 F2 键来快速打开或关闭文本窗口。

1.3.6 状态栏

应用程序状态栏显示了光标的坐标值、绘图工具,以及用于快速查看和注释缩放的工具。

状态栏用于显示或设置当前的绘图状态。状态栏上位于左侧的一组数字反映当前光标的坐标,其余按钮从左到右分别表示当前是否启用了捕捉模式、栅格显示、正交模式、极轴追踪、对象捕捉、对象捕捉追踪、动态 UCS(用鼠标左键双击,可打开或关闭)、动态输入等功能以及是否显示线宽、当前的绘图空间等信息。在绘图窗口中移动光标时,状态行的"坐标"区将动态地显示当前坐标值。坐标显示取决于所选择的模式和程序中运行的命令,共有"相对""绝对"和"无"三种模式。

1.4 图形文件管理

图形文件管理包括创建新的图形文件、打开已有的图形文件、关闭图形文件以及保存图形文件等操作。

1.4.1 创建新图形文件

选择"文件→新建→图形",点击对话框右下角"打开"按钮的下拉菜单,选择"无样板打开—公制(M)";也可以通过组合键"Ctrl+N",其操作效果同菜单;也可以通过在"标准"工具栏中单击"新建"按钮,可以创建新图形文件。如图 1-6 所示。

1.4.2 打开图形文件

选择"文件→打开",或通过 Ctrl 和字母 O 组合键(Ctrl+O),或在"标准"工具栏中单击"打开"按钮,都可以打开"选择文件"对话框,单击选择需要打开的图形文件,在右面的"预览"框中将显示出该图形的预览图像。默认情况下,打开的图形文件的格式为".dwg"。

单击"选择样板"对话框右下方"打开"按钮的下拉菜单,可以选择"打开""以只读方式打

---

* 以下提到的 AutoCAD 无特殊说明,均为 AutoCAD2012 版。

图 1-6 新建图形文件

开""局部打开"和"以只读方式局部打开"四种方式打开图形文件。通过"局部打开"和"以只读方式局部打开"方式打开图形,在"要加载几何图形的视图"选项组中选择要打开的视图,在"要加载几何图形的图层"选项组中选择要打开的图层,然后单击"打开"按钮即可,如图 1-7 所示。

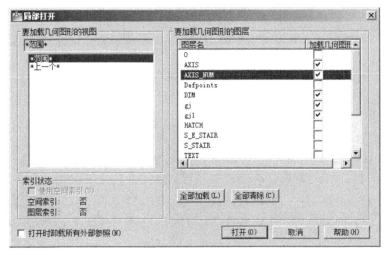

图 1-7 局部打开

1.4.3 保存图形文件

选择"文件→保存",或通组合键"Ctrl+S",或在"标准"工具栏中单击"保存"按钮,都可以保存图形。选择"文件→另存为",或通组合键"Ctrl+Shift+S",可以将当前图形以新的名称保存。

在第一次保存创建的图形时,系统将打开"图形另存为"对话框,如图 1-8 所示。默认情况下,文件以"AutoCAD 2010 图形(*.dwg)"格式保存,由于 AutoCAD 版本较多,低版本不能向上兼容,建议选择版本低的文件类型保存(建议选择 AutoCAD 2004 文件类型),以方便安装 AutoCAD 较早版本的用户能打开并查看该文件。

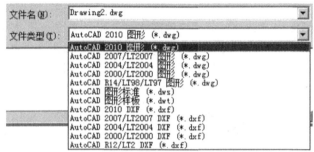

图 1-8 文件类型的选择

1.4.4 关闭图形文件

选择"文件→关闭"命令，或在绘图窗口中单击"关闭"按钮，可以关闭当前图形文件。如果当前图形没有存盘，系统将弹出 AutoCAD 2012 警告对话框，询问是否保存文件，此时单击"是（Y）"按钮或直接按"Enter"键，可以保存当前图形文件并将其关闭；单击"否（N）"按钮，可以关闭当前图形文件但不存盘；单击"取消"按钮，则取消关闭当前图形文件操作，既不保存也不关闭。如果当前所编辑的图形文件没有命名，那么单击"是（Y）"按钮后，会打开"图形另存为"对话框，要求用户确定图形文件存放的位置，并对文件命名。

1.5 经典绘图操作习惯

1. F8 打开/关闭"正交"

"正交"是保证制图时只允许光标处于竖直或者水平状态，为日常的命令操作时的选择提供了更好的辅助作用；可以通过按住 F8 来打开或者关闭"正交"，一般的情况下都是打开状态，只有特殊情况的时候才会关闭。

2. 打开"自动捕捉"

在设计图纸的时候"自动捕捉"按钮是必须打开的，要不然会给"复制""移动"等常用命令带来诸多不便。

3. 设置"捕捉"

屏幕下方有"对象捕捉"四个字,点击进入后,可以把"启用对象捕捉"按钮选定,至于对象捕捉的范围可以选择全部或者根据用户的需要来选择。

4. 习惯性保存文档

用户在设计图纸的时候一定要养成经常点下"保存"按钮或者使用快捷键"Ctrl+S"保存文档的习惯,这样才能以备不侧。

5. 左手操作键盘,右手操作鼠标

这是提高设计图纸效率的最好的操作方式,但前提是用户要熟练掌握 CAD 的常用操作快捷键,用 CAD 快捷命令去操作的话,效率就会提高很多。

1.6 与设置常用参数有关的选项

通常情况下,安装好 AutoCAD 2012 后就可以在其默认状态下绘制图形,但有时为了使用特殊的定点设备、打印机,或提高绘图效率,用户需要在绘制图形前先对系统参数进行必要的设置。

选择"工具→选项"命令,可打开"选项"对话框。在该对话框中包含"文件""显示""打开和保存""打印和发布""系统""用户系统配置""绘图""三维建模""选择集"和"配置"等选项卡,如图 1-9 所示。

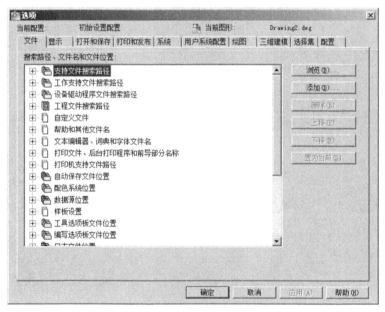

图 1-9 选项内容设置

在打开文件时,因缺失字体样式,图形信息显示不完整,可以通过"文件"选项卡中"支持文件搜索路径""工作支持文件搜索路径"添加"文字样式"所在位置,此时图形中乱码部分就可以正确显示了。比如将下载文字放到"D:/fonts"文件夹下,并将其添加到"工作支持文件搜索路径",就可以解决打开文档中遇到的乱码问题。如图 1-10 所示。

图 1-10　修改工作支持文件搜索路径

通过"显示"选项卡可以对"窗口元素""布局元素""显示精度"等内容进行修改,如图1-11所示。"打开和保存"选项卡中分为文件保存和文件打开,在文件保存中,可以设置另存为的默认保存类型。"自动保存"被勾选后,系统会按照设定时间进行自动保存,同时生成的后缀为".ac＄"文件将同步备份".dwg"文件内容,如".dwg"文件损毁,可以通过修改同名的".ac＄"为".dwg"打开图形。

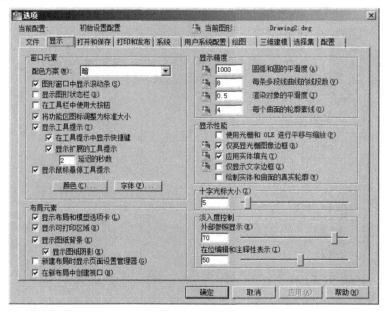

图 1-11　显示设置

在"用户系统配置"选项卡中,Windows 标准操作中"自定义右键单击",根据自己习惯设置"默认方式没有选定对象时,单击鼠标右键表示重复上一个命令/快捷菜单",建议选择表示重复上一个命令。

选项卡内容修改完毕后,可以通过"配置"选项卡,将自己的配置输出为".arg"格式保存起来,遇到新的绘图环境,通过加载配置,快速设置"配置"。

1.7　显示控制

为了满足绘图、看图需要,要用到视图的缩放、平移功能。AutoCAD 2012 提供了多种显示控制方案,这里主要介绍缩放中的范围缩放、窗口缩放、全部缩放、对象缩放以及平移。

1.7.1　平移

在视图菜单中选择"视图→平移→实时"或在命令行输入"Pan(命令缩写为 P)"回车,光标由此变成手的形状,此时可以按下鼠标左键,随意拖动、查看图形。

1.7.2　缩放

(1)范围缩放。可以用以下三种方式实现范围缩放。

①在命令行输入"Zoom(命令缩写为 Z)"回车后,再输入"E"回车,此时图形会以占满屏幕的方式呈现(绘图区域大小决定了范围缩放后图的大小,如果想最大化,应该用"Ctrl＋0",将绘图区域最大显示)。

②通过在视图菜单中选择"视图→缩放→范围"实现缩放。

③选择标准工具栏中图标缩放图标,选择"范围缩放"按钮,如图 1-12 所示。缩放图标是一个嵌套图标 (右下角有一个黑色三角形的表示嵌套按钮),它会显示最近使用的缩放命令,比如刚刚执行过范围缩放,这个按钮就变成范围缩放按钮 。

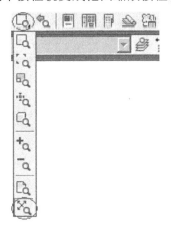

图 1-12　范围缩放

(2)全部缩放。

①在命令行输入"Zoom(命令缩写为 Z)"回车后,再输入"A"回车,此时图形的所有可见对象和某些视觉辅助工具的范围填充窗口全部出现在屏幕可视区域(注意全部缩放不一定像范围缩放一样"最大化呈现",范围缩放不受"视觉辅助工具的范围"影响)。

②通过在视图菜单中选择"视图→缩放→全部"实现缩放。

③通过标准工具栏中的缩放图标,选择"全部缩放"按钮 实现缩放。

(3)窗口缩放。

①在命令行输入"Zoom(命令缩写为 Z)"回车后,再输入"E"回车,通过鼠标选择缩放区域

后,区域内容将"最大呈现"在绘图区域。

②通过在视图菜单中选择"视图→缩放→窗口",通过鼠标选择缩放区域后实现缩放。

③通过标准工具栏中的缩放图标,选择"窗口缩放"按钮 。

(4)缩放对象。

①在命令行输入"Zoom(命令缩写为 Z)"回车后,再输入 0 回车,通过鼠标选择缩放对象,选择内容将"最大呈现"在绘图区域。

②通过在视图菜单中选择"视图→缩放→对象"实现缩放。

③通过标准工具栏中的缩放图标,选择"缩放对象"按钮 ,选择对象。

除了上面所介绍的观察图形的方法外,AutoCAD 还提供实时缩放、中心缩放、比例缩放、上一个、放大、缩小等其他观察图形的方法。

1.7.3 重画和重生成

1.重画

重画命令主要用于删除由 VSLIDE 和当前窗口中的某些操作遗留的临时图形。

2.重生产

重生产命令主要用于在当前窗口中重生成整个图形并重新计算所有对象的屏幕坐标,同时还可以重新生成图形数据库的索引,以优化显示和对象选择性能。

用户在菜单中可通过"视图—重生成或全部重生成"完成。

 练习题

1.新建一个文件名为"作业 1.dwg"文件,然后将文件保存到桌面。

2.新建一个文件名为"作业 2.dwg"文件,文件"另存为"文件名为"作业 2—1.dwg",将"文件类型修改"为"AutoCAD 2010/LT2004 图形(＊.dwg)"。

3.打开实例文件"C:\program files\autocad 2012\sample\db_samp.dwg",练习显示控制。

第2章 绘制与编辑二维图形的基础

教学目标

1. 掌握绘制菜单中矩形、直线、多段线、圆、圆弧的绘制方法
2. 掌握基本的选择方法
3. 熟悉高级选择方法
4. 掌握夹点编辑、删除方法
5. 熟悉坐标系统
6. 掌握捕捉、追踪的设置
7. 了解栅格设置

2.1 绘图方法

为了满足不同用户的需要，AutoCAD 2012 提供了多种方法来实现相同的功能。一般来说可以通过三种方法实现一个命令的使用：第一种是在菜单中找到对应命令执行；第二种是从工具栏中找到对应命令实现；第三种是通过在命令行输入相应命令实现。比如直线命令，可以通过点击"绘图→直线"激活直线命令，也可以通过绘图工具栏中直线命令图标 ✐ 激活，还可以通过在命令行输入"Line"（命令缩写为 L）后回车，激活直线命令。对于熟悉的、常用的命令，建议使用快捷方式。

2.1.1 绘图菜单与工具栏

绘图菜单是绘制图形最基本、最常用的方法，其中包含了 AutoCAD 2012 的大部分绘图命令。选择该菜单中的命令或子命令，可绘制出相应的二维图形。绘图工具栏中的每个工具按钮都与绘图菜单中的绘图命令相对应，是图形化的绘图命令。如图 2-1 所示。

2.1.2 绘图命令

在命令提示行中输入绘图命令，按回车键，并根据命令行的提示信息进行绘图操作。这种方法快捷、准确性高，但要求用户掌握绘图命令及操作过程选项的具体含义和用法。

工具栏　　　　　　　　　　菜单栏

图 2-1　绘图工具栏和绘图菜单栏

2.2　绘制简单二维图形

二维图形是绘制工程图中的基本单元。绘制二维图形的基本单位和几何概念是一致的，即点、线、面(块)等。

2.2.1　绘制点对象

在 AutoCAD 中，点对象有单点、多点、定数等分和定距等分四种，如图 2-2 所示。

(1)绘制点。选择"PONIT"命令，命令行提示如下：

命令：POINT

当前点模式：PDMODE＝0　　PDSIZE＝0.0000

指定点：(鼠标点击确定点的位置，或者输入相应的参数坐标确定点的位置)

(2)设置点的样式与大小。选择"格式→点样式"命令，或命令行的"DDPTYPE"命令，AutoCAD 弹出如图 2-3 所示的"点样式"对话框，用户可通过该对话框选择自己需要的点样式。还可以利用对话框中的"相对于屏幕设置大小"或"按绝对单位设置大小"编辑框确定点的大小。

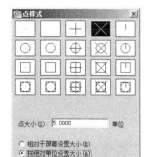

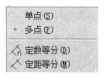

图 2-2　点的绘制　　　　　　图 2-3　点样式设置

2.2.2　绘制定数等分点

定数等分是指将点对象沿对象的长度或周长等间隔排列。选择"绘图→点→定数等分"命令，即选择"DIVIDE"命令，命令行提示如下：

命令：DIVIDE(命令缩写为 DIV)

选择要定数等分的对象：

输入线段数目或［块(B)］：5

在此提示下直接输入等分数，即响应默认项，AutoCAD 在指定的对象上则绘制出等分点。

如图 2-4 所示，点的样式为"×"、点的大小为 5%（相对于屏幕设置大小），定数等分对象为直线、圆弧、样条曲线，数目为 5，标记"×"的位置是五等分点。

图 2-4　点的定数等分

另外，也可利用"块(B)"可以在等分点处插入块。

2.2.3　绘制定距等分点

定矩等分是指将点对象在指定的对象上按指定的间隔放置。

选择"绘图→点→定距等分"命令，或选择"MEASURE"命令（命令缩写为 ME），命令行提示如下：

命令：_MEASURE

选择要定距等分的对象：

指定线段长度或［块(B)］：10

在此提示下直接输入长度值，即选择默认项，AutoCAD 则在对象的对应位置绘制出点。同样，可以利用"点样式"对话框设置所绘制点的样式。

如图 2-5、图 2-6 所示为点的样式为"×"、点的大小为 5%（相对于屏幕设置大小），定距等分对象为样条曲线，且指定线段长度为 10mm 的效果。如果等分线长度不是整数倍，在拾取等分对象时，拾取位置靠近哪个端点，则此端为起始点，图 2-5 为拾取点靠近左边时等分效果，图 2-6 为拾取点靠近右边的等分效果。

图 2-5　定距等分—左边为起始点

图 2-6　定距等分—右边为起始点

2.2.4　绘制直线

直线是各种绘图中最常用、最简单的一类图形对象,只要指定了起点和终点即可绘制一条直线。在 AutoCAD 中,可以用二维坐标(x,y)或三维坐标(x,y,z)来指定端点,也可以混合使用二维坐标和三维坐标。如果输入二维坐标,AutoCAD 2012 将会用当前的高度作为 z 轴坐标值,默认值为 0。

选择"绘图→直线"命令,或在绘图工具栏中单击直线命令 ✏ 按钮,或在命令行输入"LINE"命令(命令缩写为 L),命令行提示如下:

命令:LINE

指定第一点:100,100

指定下一点或［放弃(U)］:200,200(此时相对第一个点 x,y 增量分别为(200,200),与@200,200 结果相同)

指定下一点或［放弃(U)］:(回车结束)

这样就可绘制坐标(100,100)点和坐标(200,200)点之间的直线,如图 2-7 所示。

2.2.5　绘制矩形

矩形是通过指定矩形任意两个对角的坐标位置来定义的。在 AutoCAD 中,可以使用矩形命令绘制矩形。选择"绘图→矩形"命令,或在绘图工具栏中单击矩形命令按钮 ▭,或在命令行输入"RECTANG"命令,即可绘制出倒角矩形、圆角矩形、有厚度的矩形。命令行提示如下:

命令:RECTANG(命令缩写 REC)

命令:_RECTANG

指定第一个角点或［倒角(C)/标高(E)/圆角(F)/厚度(T)/宽度(W)］:(鼠标在绘图窗口点击确定第一个角点)

指定另一个角点或［面积(A)/尺寸(D)/旋转(R)］:@200,100(此时在命令行输入"200,100"或"@200,100"结果都一样)

此时绘制出一个长 200、宽 100 的矩形,如图 2-8 所示。

2.2.6　绘制圆

如图 2-9 所示,选择"绘图→圆"命令中的子命令,或单击绘图工具栏中的圆命令按钮 ◷;或在命令行输入"CIRCLE"命令(命令缩写为 C),都可绘制圆。菜单中提供六种绘制圆的方法,而命令行中不提供"相切、相切、相切"绘制圆的方法。

首先通过"3P"来绘制圆在命令行输入"CIRCLE"命令,命令行提示如下:

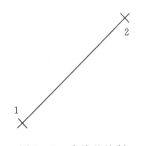

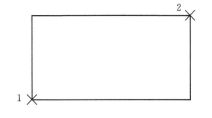

图 2-7　直线的绘制　　　图 2-8　矩形的绘制　　　图 2-9　圆命令绘制方法

命令：CIRCLE

指定圆的圆心或 [三点(3P)/两点(2P)/切点、切点、半径(T)]：3P

指定圆上的第一个点：(鼠标在绘图窗口拾取三角形第一个角点)

指定圆上的第二个点：(鼠标在绘图窗口拾取三角形第二个角点)

指定圆上的第三个点：(鼠标在绘图窗口拾取三角形第三个角点)

三点确定后绘制一个圆形，如图 2-10(1)所示。

　　同样还可以在绘图区域指定圆心，在命令行输入圆的半径定义圆形。这是在没有约束条件下常用的绘制圆的方法。

　　命令：CIRCLE 指定圆的圆心或 [三点(3P)/两点(2P)/切点、切点、半径(T)]：(鼠标左键点击绘图区域，确定圆心)

　　指定圆的半径或 [直径(D)]＜50.0000＞：100(输入圆半径，回车)

　　此时圆绘制完成，如图 2-10(2)所示。

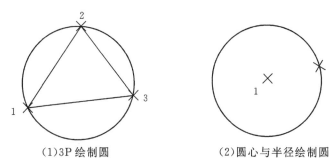

（1）3P 绘制圆　　　　　　　　（2）圆心与半径绘制圆

图 2-10　用 3P 和圆心与半径绘制圆

2.2.7　绘制圆弧

　　选择"绘图→圆弧"命令中的子命令，或单击绘图工具栏中的圆弧命令按钮，或在命令行输入"ARC"命令，都可绘制圆弧。在 AutoCAD 中，可以使用 11 种方法绘圆弧，如图 2-11所示。

　　通过"三点"来绘制圆弧，在命令行输入"ARC"命令，命令行提示如下：

命令：ARC

指定圆弧的起点或 [圆心(C)]：(直接点击三角形第一个顶点)

指定圆弧的第二个点或 [圆心(C)/端点(E)]：(点击三角形第二个顶点)

指定圆弧的端点：(点击三角形第三个顶点)

图 2 - 11 圆弧绘制方法

绘制通过三角形顶点的圆弧,此时如选择顶点的顺序不同,得出的圆弧也可能不同,如图 2 - 12 所示。

2.2.8 绘制多段线

多段线可包含直线段和圆弧段。选择"绘图→多段线"命令中的子命令,或单击绘图工具栏中的多段线命令按钮 ╰╮,如图 2 - 13 所示;或在命令行输入"PLINE"命令(命令缩写为 PL),都可绘制多段线。

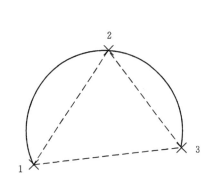

图 2 - 12 三点绘制圆弧

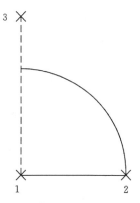

图 2 - 13 利用多段线绘制圆弧

命令:PL

PLINE

指定起点:(鼠标在绘图区域点击左键)

当前线宽为 0.0000

指定下一个点或[圆弧(A)/半宽(H)/长度(L)/放弃(U)/宽度(W)]:1000(沿着鼠标导向长度 1000mm)

指定下一点或[圆弧(A)/闭合(C)/半宽(H)/长度(L)/放弃(U)/宽度(W)]:a(画完直线段,通过 A 命令准备接着绘制圆弧)

指定圆弧的端点或[角度(A)/圆心(CE)/闭合(CL)/方向(D)/半宽(H)/直线(L)/半径(R)/第二个点(S)/放弃(U)/宽度(W)]:ce(绘制圆弧是以直线段端点点 2 为圆弧起始点,通过指定圆心定义出圆弧轨迹)

指定圆弧的圆心:(指定点 1 为圆弧圆心)

指定圆弧的端点或［角度（A）/长度（L）］：

指定圆弧的端点或［角度（A）/圆心（CE）/闭合（CL）/方向（D）/半宽（H）/直线（L）/半径（R）/第二个点（S）/放弃（U）/宽度（W）］：（通过拾取绘图区域点 3，点 1、3 与圆弧轨迹角点就是圆弧端点）

多段线和直线从外观上看是一样的，但是其特性是不同的，通过选择或者其他查询可以看出来它们的不同，尤其是每段线的夹点数量不同。

2.2.9　绘制圆环

在 AutoCAD 中绘制圆环，可以通过选择"绘图→圆环"命令，或者在命令行直接输入"DONUT"命令（命令缩写为 DO），命令行提示如下：

命令：DONUT

指定圆环的内径 ＜50.0000＞：100

指定圆环的外径 ＜1.0000＞：120

由此可绘制出内径 100mm、外径 120mm 的圆环，如图 2 - 14 所示。

图 2 - 14　圆环绘制

2.3　选择二维图形

AutoCAD 提供了多种选择二维图形的方法，一般通过如下方法进行选择：点选、窗口选择、命令选择（SELECT）、快速选择。

2.3.1　基本选择方法

在没有执行命令的情况下，可直接通过点击对象拾取（点选），也可以通过鼠标在绘图区域点击左键不放并滑动鼠标形成一个矩形区域进行选择。

（1）点选。将鼠标直接放到对象上，点击鼠标左键，对象即被选中，可以进行后续操作，比如进行其他对象选择，也可以对选择对象进行编辑等操作。选中后，被选对象出现夹点。点选结果如图 2 - 15 所示，上面的两个圆被选中。

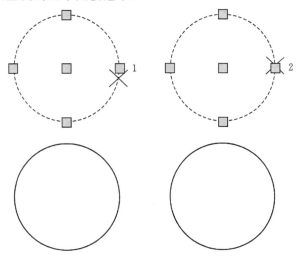

图 2 - 15　分别用点选进行两个圆选择（出现夹点的表示被选中）

（2）窗口选择。鼠标在绘图区域点击左键不放并滑动鼠标形成一个矩形区域，如果拖动方向向左，拖动形成的区域边界为虚线，叫做交叉窗口选择；如果拖动方向向右，拖动形成的区域边界为实线，叫做包容窗口。交叉窗口选择时，如果选择对象部分落入窗口也会被选择上；如用包容窗口选择对象，必须是对象全部落入拖动矩形区域。如图 2-16 所示，AutoCAD 还从区域颜色上区别了两种不同的选择方法。

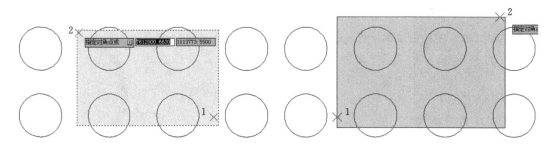

图 2-16　分别用交叉窗口和包容窗口选择对象（两种方法都将中间四个圆选中）

2.3.2　高级选择方法

在 AutoCAD 中，当需要选择具有某些共同特性的对象时，可利用"快速选择"对话框，根据对象的图层、线型、颜色、图案填充等特性和类型，创建选择集。选择"工具→快速选择"命令，可打开"快速选择"对话框，也可以通过在命令行输入"QSELECT"打开该对话框，如图 2-17 所示。

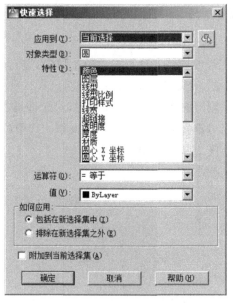

图 2-17　"快速选择"对话框

2.4　编辑简单二维图形

在 AutoCAD 中，用户可以使用夹点对图形进行简单编辑，或综合使用"修改"菜单和"修改"工具栏中的多种编辑命令对图形进行较为复杂的编辑。

2.4.1　夹点编辑

选择对象时,在对象上将显示出若干个小方框,这些小方框用来标记被选中对象的夹点,夹点就是对象上的控制点。

1.夹点对矩形、多段线编辑

在 AutoCAD 中,夹点是一种集成的编辑模式,提供了一种方便快捷的编辑操作途径。在不选择任何命令的情况下选择对象,选择对象显示夹点,然后单击需要移动的夹点作为拉伸的基点,命令行提示如下:

拉伸

指定拉伸点或[基点(B)/复制(C)/放弃(U)/退出(X)]:

默认情况下,指定拉伸点后(可以通过输入点的坐标或者直接用鼠标指针拾取点),Auto-CAD 将把对象拉伸或移动到新的位置,此时对象的形状就会发生变化,如图 2-18 所示。

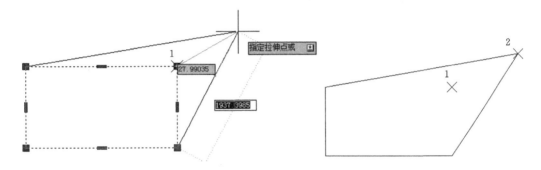

图 2-18　夹点编辑—拉伸

当编辑多段线顶点时,出现两个选项,默认为拉伸,点击"Ctrl"后切换为"添加顶点"。拉伸选项表示此端点可以自由移动;如添加顶点,则点 1 位置使多段线夹点变多,如图 2-19所示。

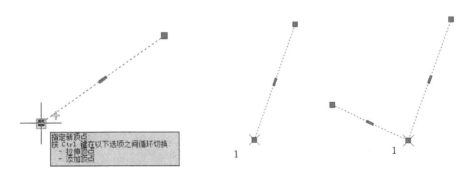

图 2-19　夹点编辑—拉伸或添加顶点

如果对中间夹点编辑,有"拉伸""添加顶点""转换为圆弧"三个选项,此时拉伸和移动相同,添加顶点后会在新位置产生新的夹点,此时与端点添加顶点效果相同,如果"转换为圆弧"

则将直线段转换为圆弧,如图 2 - 20 所示。

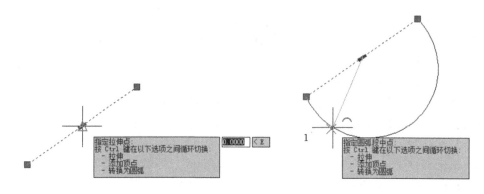

图 2 - 20 夹点编辑—转换为圆弧

2.使用夹点复制直线、拉长直线、移动直线

在夹点编辑模式下确定基点后,点击直线中间夹点,在命令行提示下输入"C"进入复制模式,命令行提示如下:

＊＊ 拉伸 ＊＊(选择直线的中点夹点)

指定拉伸点或［基点(B)/复制(C)/放弃(U)/退出(X)］:c

＊＊ 拉伸 (多重) ＊＊

指定拉伸点或［基点(B)/复制(C)/放弃(U)/退出(X)］:

＊＊ 拉伸 (多重) ＊＊

指定拉伸点或［基点(B)/复制(C)/放弃(U)/退出(X)］:

＊＊ 拉伸 (多重) ＊＊

指定拉伸点或［基点(B)/复制(C)/放弃(U)/退出(X)］:

复制生成一组平行线,如图 2 - 21 所示。

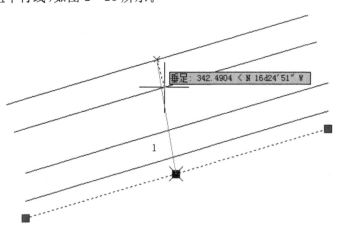

图 2 - 21 夹点编辑—复制

＊＊ 拉伸 ＊＊

指定拉伸点或［基点(B)/复制(C)/放弃(U)/退出(X)］:(默认是拉伸模式,利用 Ctrl 键,

切换至拉长模式,此时沿着原来直线方向,直线变长或变短)

　　＊＊拉长＊＊

　　指定端点:(鼠标左键点击绘图区域)

　　具体操作见图 2-22。

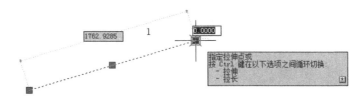

图 2-22　夹点编辑—拉伸端点

　　在不选择任何命令的情况下选择对象,选择对象显示夹点,然后单击直线中点位置夹点,可以对直线进行移动,如图 2-23 所示。

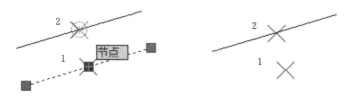

图 2-23　夹点编辑—移动直线

2.4.2　删除

　　删除对象的操作可以通过菜单栏"修改→删除"命令或点击工具栏的删除图标 ✎ 完成,还可以通过在命令行输入"ERASE"(命令缩写为 E)后回车完成删除命令,如图 2-24 所示。

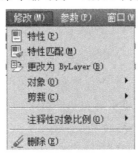

图 2-24　删除对象

2.5　坐标系统

1. 笛卡尔坐标

　　笛卡尔坐标系有三个轴,即 X、Y 和 Z 轴。输入坐标值时,需要指示沿 X、Y 和 Z 轴相对于坐标系原点(0,0,0)的距离(以单位表示)及其方向(正或负)。

　　在二维坐标系中,在 XY 平面上指定点(48,40)。笛卡尔坐标中的 X 值指定水平距离 48,

Y 值指定垂直距离 40。原点(0,0)表示两轴相交的位置(图 2-25 所示为绝对直角坐标)。

2. 极坐标

极坐标使用距离和角度来定位点。使用笛卡尔坐标和极坐标,均可以基于原点(0,0)输入绝对坐标,或基于上一指定点输入相对坐标(如图 2-25 绝对极坐标所示)。

创建对象时,可以使用绝对极坐标或相对极坐标(距离和角度)定位点。要使用极坐标指定一点,则需输入以角括号(<)分隔的距离和角度。

绝对极坐标从原点(0,0)开始测量,此原点是 X 轴和 Y 轴的交点。当知道点的准确距离和角度坐标时,则需使用绝对极坐标。

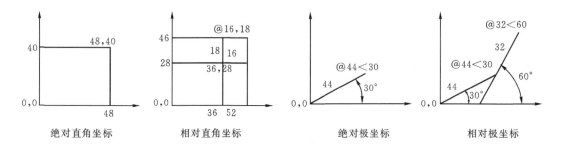

图 2-25　坐标系

2.6　设置捕捉和栅格

2.6.1　打开或关闭捕捉和栅格

"捕捉"用于设定鼠标光标移动的间距。"栅格"是一些标定位置的小点,起坐标纸的作用,可以提供直观的距离和位置参照。要打开或关闭"捕捉"和栅格功能,可以选择以下几种方法。

在 AutoCAD 程序窗口的状态栏中,"捕捉模式"▦(功能键 F9)设置为"开"和"栅格显示"▦开关(功能键 F7)设置为"开",此时可以显示出栅格(由于当前绘图区域真实面积与栅格区域面积相差悬殊,虽然"栅格显示"设置为开,仍然看不见栅格,所以打开栅格的时候,最好在没有画图之前,通过全部缩放命令,找到栅格)。

选择"工具→绘图设置"命令,打开"草图设置"对话框,在"捕捉和栅格"选项卡中选中或取消"启用捕捉"和"启用栅格"复选框,如图 2-26 所示。

还可以从状态栏"捕捉模式"图标▦或"栅格显示"图标▦上,单击鼠标右键引出选项,点击左键或右键选择设置,引出"草图设置"对话框。

2.6.2　设置捕捉和栅格参数

利用"绘图设置"对话框中的"捕捉和栅格"选项卡,可以设置捕捉和栅格的相关参数,各选项的功能如下。

(1)"启用捕捉"复选框:打开或关闭捕捉方式。选中该复选框,可以启用捕捉。

(2)"捕捉间距"选项组:设置捕捉间距以及捕捉基点坐标。

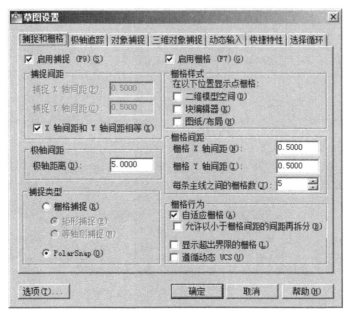

图 2-26　捕捉和栅格对话框

（3）"极轴间距"选项组：设置极轴距离。

（4）"启用栅格"复选框：打开或关闭栅格的显示。选中该复选框，可以启用栅格。

（5）"栅格间矩"选项组：设置栅格间距。如果栅格的 X 轴和 Y 轴间距值为 0，则栅格采用捕捉 X 轴和 Y 轴间距的值。

（6）"捕捉类型"选项组：可以设置捕捉类型和样式，包括栅格捕捉、矩形捕捉和极轴捕捉（PloarSnap）三种。

2.7　对象捕捉功能与对象追踪

当需要找到对象的特殊点时，手工绘图是通过几何作图或者近似方法找出的，而在 Auto-CAD 中可以通过对象捕捉功能快速找到对象的特殊点。

2.7.1　对象捕捉

对象捕捉模式可以多选，有端点、中点、圆心等特征元素，如图 2-27 所示。对象捕捉的开关可以通过功能键 F3 或者状态栏对象捕捉图标⬚；还可以通过菜单栏"工具→绘图设置"打开草图设置的对象捕捉选项卡（也可以通过状态栏其图标右键单击，选择"设置"打开对话框），"启用对象捕捉"打上对钩，如图 2-27 所示。对象捕捉打开后，在命令激活状态下会显示出对象捕捉模式已选的特征。

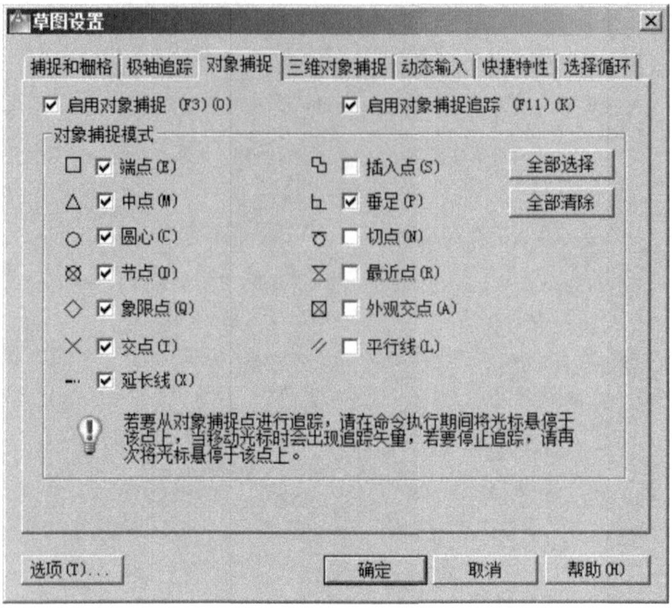

图 2-27 对象捕捉对话框

如以直线中点为圆心，直线为直径画圆，选择"对象捕捉模式"勾选"中点△ ☑ 中点(M)""端点□ ☑ 端点(E)"，绘制圆的时候，鼠标接近直线中点，电脑智能捕捉到中点▲，点击选取圆心位置，然后移动鼠标到端点附近自动捕捉到端点⊞，拾取端点后直线为圆心，直线长度为直径的圆绘制成功。

在"对象捕捉模式"勾选时，以利于精确画图为原则，点选太多了，就可能干扰绘图。比如用不到最近点时，不要选，最近点有可能是任意点，最容易干扰绘图。

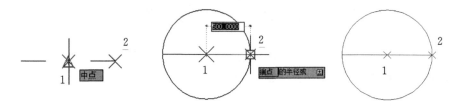

图 2-28 特征点的捕捉

2.7.2 对象捕捉追踪

当绘制对象特征点位置与已知特征点有距离的时候，可以利用对象捕捉追踪功能。

对象捕捉追踪的开关可以通过功能键 F11 或者状态栏对象捕捉追踪图标∠；还可以通过菜单栏"工具→绘图设置"打开草图设置的对象捕捉选项卡（也可以通过状态栏其图标右键单击，选择"设置"打开对话框），在"启用对象捕捉追踪"选项打上对钩。对象捕捉追踪需要和对象捕捉配合使用。

如距离线端点点 2 水平向左 500mm，以点 1 为圆心绘制圆，可以通过对象捕捉追踪找到点 1 的位置。激活绘制圆命令，打开"对象捕捉→对象捕捉追踪"后，捕捉到点 2 后，水平向右滑动鼠标,绘图区域出现一条水平虚线,命令行输入距离点 2 的长度 500 后回车,此时自动捕捉到点 1 的位置,此时可以绘制圆,如图 2 - 29 所示。同样,如果将矩形作为复制基点,复制到已知点,可以用图象捕捉追踪完成。激活复制命令,指定基点方法如下:通过矩形两组对边中点形成两条线,其交点就是矩形中心,接着将矩形中心复制到点 1 位置,生成新矩形。

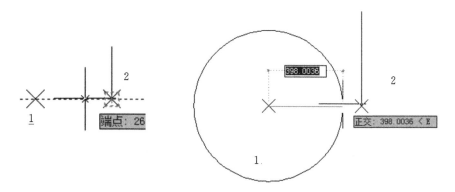

图 2 - 29　对象捕捉追踪的使用

2.7.3　对象捕捉快捷菜单

当绘制直线时,直线的第二个端点位置与已知特征点有相对关系,按下"Shift"键或者"Ctrl"键不放,右击打开对象捕捉快捷菜单"临时追踪点""自""两点之间的中点"或"点过滤器",如图 2 - 30 所示。

图 2 - 30　对象捕捉快捷菜单

(1)临时追踪点。绘制直线时,如果直线第二个端点距离已知点水平距离或者竖直距离,就可以利用"临时追踪点"找到该点。

如图 2 - 31 所示,直线以点 1 作为起始端点,距离点 2 右 1000mm 为末端点。首先执行线命令,绘图区域选择点 1 为起始点,然后按下"Shift"或"Ctrl"不放,点击右键选择"临时追踪点",命令行提示"指定临时对象追踪点:"此时点击点 2 作为临时对象追踪点,如图 2-31 所示,然后输入 1000 后回车,直线末端点(点 3)确定,此时点 2 与点 3 在同一水平线上,距离为 1000mm。

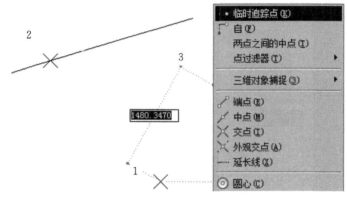

图 2-31 临时追踪点

（2）追踪"自"。如图 2-31 所示,点 3 在点 2 右边 1000mm,下边 1000mm。此时可以利用追踪"自"选项。指定点 2 为基点后,输入偏移量"@1000,-1000"回车（X 坐标值增加,Y 坐标值减少）,可以得出直线末端点(点 3),如图 2-32 所示。

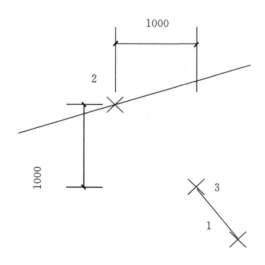

图 2-32 追踪"自"

2.7.4 极轴追踪

极轴追踪的开关,可以通过功能键 F10 或者状态栏极轴追踪图标 ；还可以通过菜单栏"工具→绘图设置"打开草图设置的极轴追踪选项卡（也可以通过状态栏其图标右键单击,选择"设置"打开对话框）,在"启用对象捕捉追踪"选项打上对钩。如图 2-33 所示。

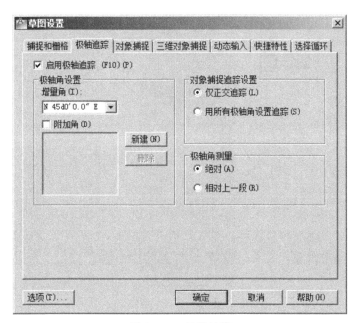

图 2-33 极轴追踪

极轴追踪的角度可以在选项卡中勾选附加角,如 12d30"40"(注意输入时候都是在英文输入法状态下输入)。如点击新建输入"55d"回车后显示附加角为"55d0'0""(与 Y 轴正方向夹角),如图 2-34 所示。

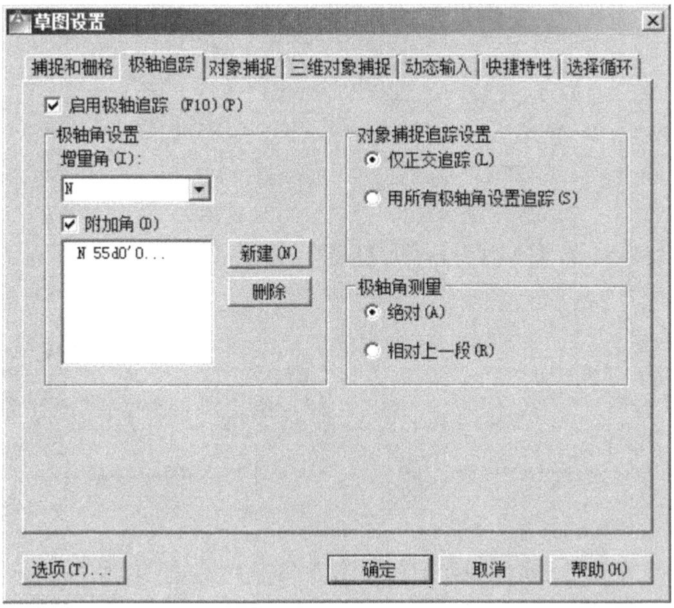

图 2-34 极轴追踪设置

比如,沿与 X 轴正方向 35°的直线长 500mm,激活线命令,在绘图区域内点击选中线的端点,拖动鼠标在 35°附近电脑自动捕捉到 35°位置(虚线方向),如图 2-35 所示,即与 X 轴正向 35°,与 Y 轴正向 55°,然后直接输入线的长度即可。

极轴: 742.3791 < N 55d0'0" E
35.00000

图 2-35 通过极轴追踪捕捉角度

练习题

1.请分别以绝对坐标和相对坐标的方式绘制下列图形(见题图2-1~题图2-3),绝对坐标的起点为(0,0),相对坐标的起点任意,边长全为50mm。

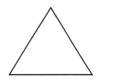

题图 2-1   题图 2-2   题图 2-3

2.用极轴捕捉的方式绘制下列图形(见题图2-4、题图2-5),练习极轴设置。

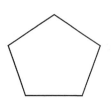

题图 2-4   题图 2-5

3.用对象捕捉的方式绘制下列图形(见题图2-6、题图2-7),体验对象捕捉的便捷。

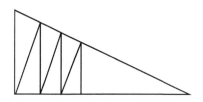
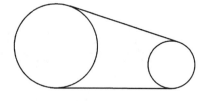

题图 2-6   题图 2-7

4.绘制一个半径为100mm的圆,绘制与水平线夹角为25°位置的半径。

Ⅱ 基本技能篇

第3章　绘制与编辑图形的基本技能

教学目标

1. 理解计算机绘图的基本思想
2. 掌握精确制图的基本技能
3. 熟练各种编辑命令的使用技巧
4. 通过绘制典型图形来提高对编辑命令的深刻理解，提高绘图效率

3.1　常用绘图工具命令

3.1.1　绘制圆弧

弧命令可用于绘制各种弧线段，如弧形门、弧形楼梯、弧形阳台等。

1.执行步骤

命令：ARC↙

指定圆弧的起点或[圆心(C)]：(指定起点)

指定圆弧的第二点或[圆心(C)/端点(E)]：(指定第二点)

指定圆弧的端点：(指定端点)如图 3-1 所示。

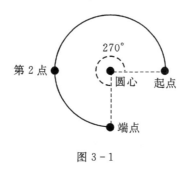

图 3-1

2.选项说明

用命令行方式画圆弧时，可以根据系统提示选择不同的选项，具体功能与用"绘图"菜单的"圆弧"子菜单提供的 11 种方式相似。

3.实例

(1)绘制圆弧，如图 3-2 所示。

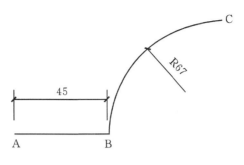

图 3-2

(2)绘制结果如图 3-3 所示。

具体操作步骤如下：

①利用"直线"命令绘制两条直线,端点坐标值为{(100,130),(150,130)}和{(100,100),(150,130)}。结果如图 3-4 所示。

图 3-3   图 3-4

②利用"圆弧"命令绘制圆头部分圆弧。命令行提示如下：

命令:ARC ✓

指定圆弧的起点或[圆心(C)]:(打开"对象捕捉"开关,指定起点为上面水平线左端点)

指定圆弧的第二点或[圆心(C)/端点(E)]:E ✓

指定圆弧的端点:(指定端点为下面水平线左端点)

指定圆弧的圆心或[角度(A)/方向(D)/半径(R)]:D ✓

指定圆弧的起点切向:180 ✓

(3)利用"圆弧"命令绘制另一段。命令行提示如下：

命令:ARC ✓

指定圆弧的起点或[圆心(C)]:(打开"对象捕捉"开关,指定起点为上面水平线右端点)

指定圆弧的第二点或[圆心(C)/端点(E)]:E ✓

指定圆弧的端点:(指定端点为下面水平线右端点)

指定圆弧的圆心或[角度(A)/方向(D)/半径(R)]:A ✓

指定圆弧的起点切向:-180 ✓

最终结果如图 3-3 所示。

3.1.2 绘制多段线

多段线命令主要用于绘制建筑制图中的墙线、剖面线和结构图中的钢筋等,该命令的使用关键是选项的设置和使用。

1. **执行步骤**

命令：PLINE↙

指定起点：(指定多段线的起点)

当前线宽为 0.0000

指定下一个点或[圆弧(A)/半宽(H)/长度(L)/放弃(U)/宽度(W)]：(指定多段线的下一点)

2. **选项说明**

多段线主要由连续的、不同宽度的线段或圆弧组成，如果在上述提示中选"圆弧"选项，则命令行提示如下：

[角度(A)/圆心(CE)/方向(D)/半宽(H)/直线(L)/半径(R)/第二个点(S)/宽度(W)]：

【例 3-1】用多段线绘制如图 3-5 所示的单扇开门。

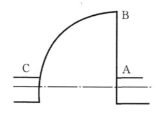

图 3-5　单扇平开门

具体操作步骤如下：

命令：LINE↙(绘制直线命令)

指定第一点：(选点 A)(指定第一点 A)

指定下一点或[放弃(U)]：@45<0(用鼠标随意选择一起点)

当前线宽为 0.00

指定下一点或[圆弧(A)/闭合(C)/半宽(H)/长度(L)/放弃(U)/宽度(w)]：w

指定起点宽度<0.00>：0.3(设置起点宽度 0.3)

指定端点宽度<0.30>：(回车默认)

指定下一点或[圆弧(A)/闭合? /半宽(H)/长度(L)/放弃(U)/宽度(W)]：

指定下点或[圈弧(A)/闭合(C/半宽(H)/长度(L)/放弃(U)/宽度(W)]：w

指定起点宽度<0.30>：0(设置起点宽度 0)

指定端点宽度<0.00>：0(回车默认)

指定下一点或[圆弧(A)/闭合(C)/半宽(H)/长度(L)/放弃(U)/宽度(w)]：a

指定圆弧的端点或[角度(A)/圆心(CE)/闭合(CL)/方向(D)/半宽(H)/直线(L)/半径(R)/第二点(S)/放弃(U)/宽度(W)]：CE

指定圆弧的圆心：(指定圆心)

指定圆弧的端点或[角度(A)/长度(L)]：

指定圆弧的端点：(拾取点 C)

指定圆弧的端点或[角度(A)/圆心(CE)/闭合(CL)/方向(D)/半宽(H)/直线(L)/半径

（R）/第二点（S）/放弃（U）/宽度（W）：

3.1.3 编辑多段线

多线编辑命令可以控制多线之间相交时的连接方式，增加或删除多线的顶点，控制多线的打断或结合。

1. 执行步骤

命令：PEDIT↙

选择多段线或[多条（M）]：（选择一条要编辑的多段线）

输入选项[闭合（C）/合并（J）/宽度（W）/编辑顶点（E）/拟合（F）/样条曲线（S）/非曲线化（D）/线型生成（L）/放弃（U）]：

2. 选项说明

（1）合并（J）。该命令以选中的多段线为主体，合并其他直线段、圆弧和多段线，使其成为一条多段线。能合并的条件是各段端点首尾相连。

（2）宽度（W）。该命令可以修改整条多段线的线宽，使其具有同一线宽。

（3）编辑顶点（E）。选择该项后，在多段线起点处出现一个斜的十字叉"×"，即为当前顶点的标记，并在命令行出现后续操作的提示：

[下一个（N）/上一个（P）/打断（B）/插入（I）/移动（M）/重生成（R）/拉直（S）/切向（T）/宽度（W）/退出（X）]<N>：

这些选项允许用户进行移动、插入顶点和修改任意两点间的线宽等操作。

（4）拟合（F）。该命令是将指定的多段线生成由光滑圆弧连接的圆弧拟合曲线，该曲线经过多段线的各项顶点。

（5）样条曲线（S）。该命令是将指定的多段线以各顶点为控制点生成样条曲线。

（6）非曲线化（D）。该命令是将指定的多段线中的圆弧由直线代替。对于选择"拟合（F）"或"样条曲线（S）"选项后生成的圆弧拟合曲线或样条曲线，则删去生成曲线时新插入的顶点，恢复成由直线段组成的多段线。

（7）线型生成（L）。当多段线的线型为点划线时，控制多段线的线型生成方式开关。选择此项，系统将提示：

输入多段线线型生成选项[开（ON）/关（OFF）]<关>：

选择"ON"时，将在每个顶点处允许以短划开始并结束生成线型；选择"OFF"时，将在每个顶点处以长划开始并结束生成线型；"线型生成"命令不能用于带变宽线段的多段线。

【例3-2】绘制如图3-6所示的道路交通网。

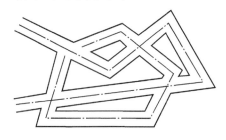

图3-6 道路交通网

具体操作步骤如下：

(1)定义"多线样式"。

单击"格式"菜单中的"多线样式"选项,弹出"多线样式"对话框,选中其中的"修改(M)",弹出"多线样式"对话框,在"元素"下列表框中加入了一个新元素,在"颜色"下列表框中选择红色,在"线型—加载"中选择"线型—center",选中"线型—center"后点击"确定"。 如图 3 - 7 所示。

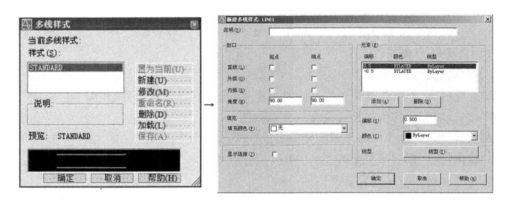

图 3 - 7 "修改多线格式"对话框

(2)绘制道路图形。

命令:MLINE ↙

当前设置:对正=上,比例=20.00,样式=STANDARD

指定起点或[对正(J)/比例(S)/样式(ST)]:(指定起点,用鼠标随意选择一起点)

指定下一点:

指定下一点或[放弃(U)]:

指定下一点或[闭合(C)/放弃(U)]:

指定下一点或[闭合(C)/放弃(U)]:

指定下一点或[闭合(C)/放弃(U)]:C

命令:_MLINE ↙(空格或回车,启动"多线"命令)

当前设置:对正=上,比例=20.00,样式=STANDARD

指定起点或[对正(J)/比例(S)/样式(ST)]:(指定起点,用鼠标随意选择一起点)

指定下一点:

指定下一点或[放弃(U)]:

指定下一点或[闭合(C)/放弃(U)]:

指定下一点或[闭合(C)/放弃(U)]:

指定下一点或[闭合(C)/放弃(U)]:↙

(3)编辑多线。

命令:_MLEDIT

选择第一条多线:

选择第二条多线:(编辑第一个路口)

选择第一条多线或[放弃(U)]：

选择第二条多线：(编辑第二个路口)

选择第一条多线或[放弃(U)]：

选择第二条多线：(编辑第三个路口)

选择第一条多线或[放弃(U)]：

选择第二条多线：(编辑第四个路口)

选择第一条多线或[放弃(U)]：Esc

绘图结果如图 3-6 所示。

3.1.4 绘制矩形

矩形命令以指定两个对角点的方式绘制矩形,当两角点形成的边长相同时则生成四边形,常用于绘制门、窗等矩形形状的图形。

1.执行步骤

命令:RECTANG ↙

指定第一个角点或[倒角(C)/标高(E)/圆角(F)/厚度(T)/宽度(W)]：

指定另一个角点或[面积(A)/尺寸(D)/旋转(R)]：

2.选项说明

(1)第一个角点。该命令是通过指定两个角点确定矩形。

(2)倒角(C)。该命令是指定倒角距离,绘制带倒角的矩形,每一个角点的逆时针和顺时针方向的倒角可以相同,也可以不同,其中第一个倒角距离是指角点逆时针方向倒角距离,第二个倒角距离是指角点顺时针方向倒角距离。

(3)标高(E)。该命令是指定矩形标高(Z 轴坐标),即把矩形画在标高为 z,和 XOY 坐标面平行的平面上,并作为后续矩形的标高值。

(4)圆角(F)。该命令是指定圆角半径,绘制带圆角的矩形。

(5)厚度(T)。该命令是指定矩形的厚度。

(6)宽度(W)。该命令是指定线宽。

(7)尺寸(D)。该命令是使用长和宽创建矩形。第二个指定点将矩形定位在与第一角点相关的四个位置之一内。

(8)面积(A)。该命令是指定面积和长或宽创建矩形。

(9)旋转(R)。该命令是旋转所绘制的矩形的角度。指定旋转角度后,系统按指定角度创建矩形。

【例 3-3】绘制如图 3-9 所示的方头平键。

图 3-9

具体操作步骤如下：

(1)利用"矩形"命令绘制主视图外形。命令提示与操作如下：

命令：RECTANG↙

指定第一个角点或[倒角(C)/标高(E)/圆角(F)/厚度(T)/宽度(W)]：0,30

指定另一个角点或[面积(A)/尺寸(D)/旋转(R)]：@100,11↙

结果如图3-10所示。

(2)利用"直线"命令绘制主视图两条棱线。一条棱线端点的坐标值为(0,32)和(@100,0)，另一条棱线端点的坐标值为(0,39)和(@100,0)。结果如图3-11所示。

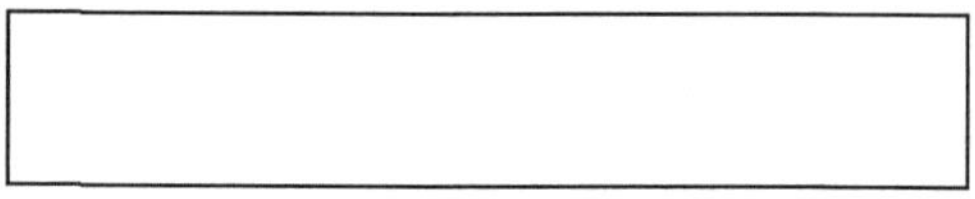

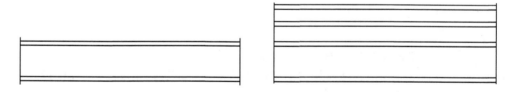

图3-10 绘制主视图外形 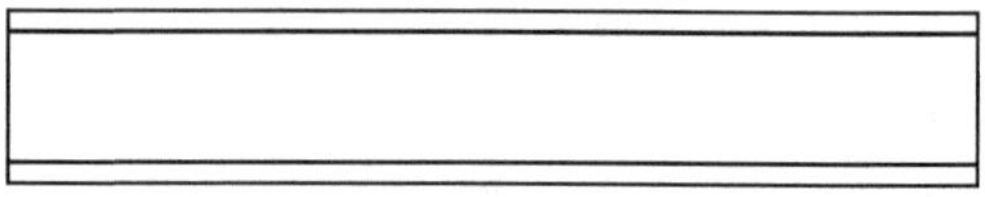　　　　　　　　　　图3-11 绘制主视图棱线

(3)利用"构造线"命令绘制构造线。命令提示与操作如下：

命令：XLINE↙

指定点或[水平(H)/垂直(V)/角度(A)/二等分(B)/偏移(O)]：(指定主视图左边竖线上一点)

指定通过点：(指定竖直位置上一点)

指定通过点：↙

使用同样的方法绘制右边竖直构造线，如图3-12所示。

(4)利用"矩形"命令和"矩形"命令绘制俯视图。命令行提示与操作如下：

命令：RETANG↙

指定第一个角点或[倒角(C)/标高(E)/圆角(F)/厚度(W)]：(指定左边构造线上一点)

指定另一个角点或：[面积(A)/尺寸(D)/旋转(R)]：@100,18

接着绘制两条直线，端点分别为{(0,2),(@100,0)}和{(0,16),(@100,0)}，结果如图3-13所示。

图3-12 绘制坚直构造线　　　　　　　　　　图3-13 绘制俯视图

(5)利用"构造线"命令绘制左视图构造线。命令提示与操作如下：

命令行：XLINE↙

指定点或[水平(H)/垂直(V)/角度(A)/二等分(B)/偏移(O)]：H↙

指定通过点：(指定主视图上右上端点)

指定通过点：(指定主视图上右下端点)

指定通过点：(捕捉俯视图上右上端点)

指定通过点：(捕捉俯视图上右下端点)

指定通过点：↙

命令:(点击回车表示重复绘制构造线命令)

指定点或[水平(H)/垂直(V)/角度(A)/二等分(B)/偏移(O)]:A ↙

输入构造线的角度(0)或[参照(R)]:−45 ↙

指定通过点:(任意指定一点)

指定通过点:↙

命令行:XLINE ↙

指定点或[水平(H)/垂直(V)/角度(A)/二等分(B)/偏移(O)]:V ↙

指定通过点:(指定斜线与第三条水平线的交点)

指定通过点:(指定斜线与第四条水平线的交点)

结果如图 3-14 所示。

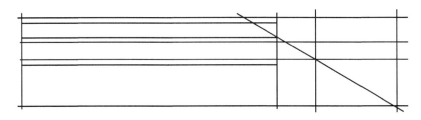

图 3-14 绘制左视图构造线

(6)设置矩形两个倒角距离为 2,绘制左视图。命令行提示与操作如下:

命令:RECTANG ↙

指定第一个角点或[倒角(C)/标高(E)/圆角(F)/厚度(T)/宽度(W)]:C ↙

指定矩形的第一个倒角距离<0.0000>:(指定主视图上右上端点)

指定第二个角点:(指定主视图上右上第二端点)

指定矩形的第二个倒角距离<2.0000>:↙

指定第一个角点或[倒角(C)/标高(E)/圆角(F)/厚度(T)/宽度(W)]:(按构造线确定位置指定一个角点)

指定另一个角点或[面积(A)/尺寸(D)/旋转(R)]:(按构造线确定位置指定另一个角点)

结果如图 3-15 所示。

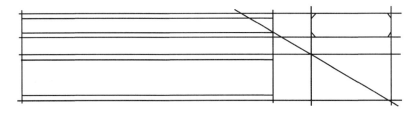

图 3-15 绘制左视图构造线

(7)删除构造线,最终结果如图 3-6 所示。

3.1.5 绘制正多边形

绘制正多边形命令用于绘制 3~1024 边的正多形。土建图中常用它绘制正四棱柱、装饰图案、八角塔等图形。

1. 执行步骤

命令:POLYGON ✓

输入边的数目<4>:(指定多边形的边数,默认值为 4)

指定正多边形的中心点或[边(E)]:(指定中心点)

输入选项[内接于圆(I)/外切于圆(C)]<I>:(指定是内接于圆或外切于圆,I 表示内接,C 表示外切)

指定圆的半径:(指定外接圆或内切圆的半径)

2. 选项说明

如果选择"边"选项,则只要指定多边形的一条边,系统就会按逆时针方向创建该正多边形。

【例 3-4】绘制如图 3-16 所示正多边形。

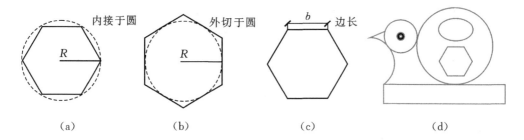

内接于圆 外切于圆 边长

（a） （b） （c） （d）

图 3-16 绘制正多边形方式

具体操作步骤如下:

(1)绘制内接于圆的方式,如图 3-16(a)所示。

命令:POLYGON ✓(启动正多边形命令)

输入边的数目<4>:6(输入边数 6)

指定多边形的中心点或[边(E)]:(指定中心)

输入选项[内接于圆(I)/外切于圆(C)]<I>:✓(内接于圆为默认项,直接回车)

指定圆的半径:40 ✓(输入圆的半径)

(2)绘制外切于圆的方式,如图 3-16(b)所示。

命令:POLYGON ✓(启动正多边形命令)

输入边的数目<4>:6(输入边数 6)

指定多边形的中心点或[边(E)]:(指定中心)

输入选项[内接于圆(I)/外切于圆(C)]<I>:C ✓(内接于圆为默认项,直接回车)

指定圆的半径:40 ✓(输入圆的半径)

(3)绘制由边确定正多边形的方式,如图 3-16(c)所示。

这种方法须提供两个参数,即正多边形的边数和边长。

(4)绘制如图 3-16(d)所示综合图形。

①绘制左边小圆及圆环。

命令:CIRCLE ✓

指定圆的圆心或[三点(3P)/两点(2P)/相切、相切、半径(T)]:230,210 ✓(输入圆心的 X,

Y 坐标值)

  指定圆的半径或[直径(D)]:30 ✓(输入圆的半径)

  命令:DONUT ✓(或单击下拉菜单【绘图】→【圆环】,下同)

  指定圆环的内径<10.0000>:5 ✓(圆环内径)

  指定圆环的外径<20.0000>:15 ✓(圆环外径)

  指定圆环的中心点<退出>:230,210 ✓(圆环中心坐标值)

  指定圆环的中心点<退出>:✓(退出)

  ②绘制矩形。

  命令:RECTANG ✓

  指定第一个角点或[倒角(C)/标高(E)/圆角(F)/厚度(T)/宽度(W)]:200,122 ✓(矩形左上角点坐标值)

  指定另一个角点或[面积(A)/尺寸(D)/旋转(R)]:420,88 ✓(矩形右上角点坐标值)

  ③绘制右边大圆及小椭圆、正六边形。

  指定圆的圆心或[三点(3P)/两点(2P)/相切、相切、半径(T)]:T ✓(用指定两个相切对象及给出圆的半径的方式画圆)

  在对象上指定一点作圆的第一条切线:(如图 3-17 所示,用鼠标在 1 点附近选取小圆)

  在对象上指定一点作圆的第二条切线:(如图 3-17 所示,用鼠标在 2 点附近选取矩形)

  指定圆的半径<30.0000>:70 ✓

  命令:ELLIPSE ✓

  指定椭圆的轴端点或[圆弧(A)/中心点(C)]:C ✓(用指定椭圆圆心的方式画椭圆)

  指定椭圆的中心点:330,222 ✓(椭圆中心点的坐标值)

  指定轴的端点:360,222 ✓(椭圆长轴的右端点的坐标值)

  指定到其他轴的距离或[旋转(R)]:20 ✓(椭圆短轴的长度)

  命令:POLYGON ✓(或单击下拉菜单"绘图"→"正多边形",或者单击工具栏命令图标 ⬡,下同)

  命令:POLYGON ✓

  输入边的数目<4>:6 ✓(正多边形的边数)

  指定正多边形的中心点或[边(E)]:330,165 ✓(正六边形的中心点的坐标值)

  输入选项[内接于圆(I)/外切于圆(C)]<I>:✓(用内接于圆的方式画正六边形)

  指定圆的半径:30 ✓(正六边形内接圆的半径)

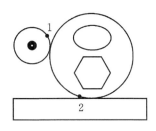

图 3-17 步骤图

④绘制左边拆线及圆弧。

命令:LINE ✓

指定第一点:202,221

指定下一点或[放弃(U)]:@30<-150 ✓(用相对极坐标值给定下一点的坐标值)

指定下一点或[放弃(U)]:@30<-20 ✓(用相对极坐标值给定下一点的坐标值)

指定下一点或[闭合(C)/放弃(U)]:✓

命令:ARC ✓

指定圆弧的起点或[圆心(CE)]:200,122 ✓(给出圆弧的起点坐标值)

指定圆弧的第二点或[圆心(CE)/端点(EN)]:EN ✓(用给出圆弧端点的方式画圆弧)

指定圆弧的端点:210,188 ✓(给出圆弧端点的坐标值)

指定圆弧的圆心或[角度(A)/方向(D)/半径(R)]:R ✓(用给出圆弧半径的方式画圆弧)

指定圆弧半径:45 ✓(圆弧半径值)

⑤绘制右边拆线。

命令:LINE ✓

指定第一点:420,122 ✓

指定下一点或[放弃(U)]:@68<90 ✓

指定下一点或[放弃(U)]:@23<180 ✓

指定下一点或[闭合(C)/放弃(U)]:✓

结果如图3-16(d)所示。

3.2　复制命令使用技能——复制、镜像、阵列、偏移

编辑图形有两种编辑方式,一种是先选择编辑命令再选择被编辑对象,另一种先选择被编辑的对象再选择编辑命令。无论哪一种方法,都需要对图形对象进行选择。

3.2.1　复制命令

移动复制是将现有图形平移一定距离并在新的位置生成形状相同的图形。例如,门、窗、墙体等在一个复杂图形中常常出现很多,绘出一个之后,就可以用复制的方法实现多次复制,避免重复工作。

1.执行步骤

命令:COPY ✓

选择对象:(选择要复制的对象)

用前面介绍的对象选择方法选择一个或多个对象,回车结束选择操作。系统继续提示:

当前设置:复制模式=多个

指定基点或[位移(D)/模式(O)]<位移>:

2.选项说明

(1)指定基点:指定一个坐标点后,AutoCAD把该点作为复制对象的基点,并提示:

指定位移的第二点或<用第一点作位移>

指定第二个点后,系统将根据这两点确定的位移矢量把选择的对象复制到第二点处。如果此时直接按"Enter"键,即选择默认的"用第一点作位移",则第一个点被当做相对于 X、Y、Z

的位移。

（2）位移：直接输入位移值，表示以选择对象的拾取点为基准，以拾取点坐标为移动方向纵横比移动指定位移后确定的点为基点。

（3）模式：控制是否自动重复该命令；改变复制模式是单个还是多个。

【例 3 - 5】用复制命令中的重复"M"选项将图 3 - 18 所示的墙体复制 4 个。

具体操作步骤如下：

命令：COPY ↙（启动复制命令）

选择对象：W（用包容窗口方式选择对象）

指定第一个角点：指定对角点：找到 3 个（指定窗口对角点）

选择对象：（回车，选择对象结束）

指定基点或位移［重复（M）］：M（更改选项）

选择对象：（选择基点）

指定位移的第二点或＜用第一点作位移＞：（指定水平第 2 个墙的位置）

指定位移的第二点或＜用第一点作位移＞：（指定水平第 3 个墙的位置）

指定位移的第二点或＜用第一点作位移＞：（指定水平第 4 个墙的位置）

指定位移的第二点或＜用第一点作位移＞：（回车，结束复制）

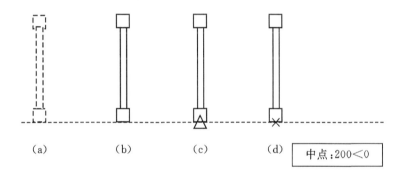

图 3 - 18　复制图示

3.2.2　镜像命令

镜像对象是指把选择的对象围绕一条镜像线作对称复制。镜像操作完成后，可以保留原对象，也可将其删除。例如：对称的窗、对称的住宅单元、对称的办公大楼等用绘图命令给出一半之后，都可通过镜像命令绘出另一半，也就是说该命令主要用于对称的图形。

1. 执行步骤

命令：MIRROR ↙

选择对象：（选择要镜像的对象）

指定镜像线的第一点：（指定镜像线的第一个点）

指定镜像线的第二点：（指定镜像线的第二个点）

要删除源对象？［是（Y）/否（N）］＜N＞：（确定是否删除原对象）

这两点确定一条镜像线，被选择的对象以该线为对称轴进行镜像。包含该线的镜像平面与用户坐标系统的 XY 平面垂直，即镜像操作工作在与用户坐标系统的 XY 平面平行的平面上。

2.选项说明

对称线的方向是任意的,对称线的方向不同,对称图形的位置则不同。对某些不对称但基本相似的图形,可先使用镜像命令镜像,再用编辑命令作适当的修改。这样做可省时省力。

【例 3-6】用镜像命令把图 3-19(a)绘制成图 3-19(b)墙体、门和楼梯的右半图。

具体操作步骤如下:

命令:MIRROR ↙(启动镜像命令)

选择对象:指定角点:找到 15 个(通过窗口选择对象)

选择对象:(回车,选择对象结束)

指定镜像线的第一点:(指定第一点)

指定镜像线的第二点:<正交开>(指定第二点,打开正交方式)

是否删除源对象?[是(Y)/否(N)]<N>:(不删除源对象)

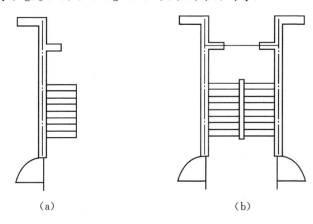

(a)　　　　　　　　　　　(b)

图 3-19

【例 3-7】绘制如图 3-20 所示机械图形。

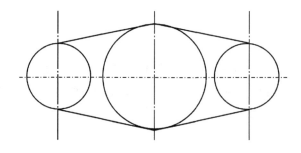

图 3-20　机械图形

具体操作步骤如下:

(1)利用"图层"命令设置如下图层:第一层命名为"轮廓线",线宽属性为 0.3mm,其余属性默认;第二层名称设为"中心线",颜色高为红色,线型加载为"CENTER",其余属性为默认。

(2)绘制中心线。设置"中心线"层为当前层。在屏幕上适当位置指定直线端点坐标,绘制一条水平中心线和两条竖直中心线,如图 3-21 所示。

（3）将粗实线图层设置为当前层,利用"圆"命令分别捕捉两中心线交点为圆心,指定适当的半径绘制两个圆,如图 3-22 所示。

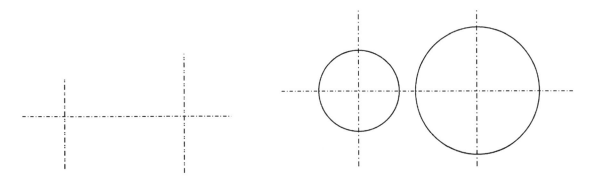

图 3-23　绘制切线　　　　　　　　　　　　　图 3-22　镜像切线

（4）利用"直线"命令,结合对象捕捉功能,绘制一条切线,如图 3-23 所示。

（5）利用"镜像"命令以水平中心线为对称线镜像刚绘制的切线,结果如图 3-24 所示。命令操作如下:

命令:MIRROR ↙(启动镜像命令)

选择对象:(选择切线)

选择对象:(回车,选择对象结束)

指定镜像线的第一点:指定镜像线的第二点:＜正交开＞:(在中间的中心线上选取两点)

是否删除源对象? ［是(Y)/否(N)]＜N＞:↙

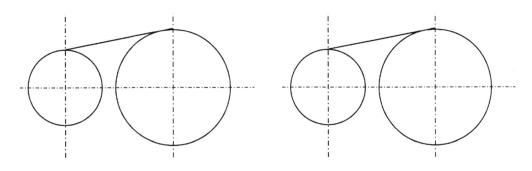

图 3-21　绘制切线　　　　　　　　　　　　　图 3-22　绘制镜像切线

（6）同样利用"镜像"命令以中间竖直中心线为对称线,选择对称线左边的图形对象进行镜像,结果如图 3-20 所示。

3.2.3　阵列命令

"阵列"是指将对象按矩形或圆形阵列复制,而且每一个对象都可独立处理。对于有规律的图形复制使用该命令可以更加方便、快捷。例如,轴线、螺旋楼梯、墙体、窗、门和桩基等都可用该命令实现多个复制。

1.执行步骤

命令:ARRY ↙

输入上述命令后,系统打开"阵列"对话框,如图 3-25 所示。

2.选项说明

(1)"矩形阵列"单选按钮标签:用于建立矩形阵列,可指定矩形阵列的各项参数。

(2)"环形阵列"单选按钮标签:用于建立环形阵列,可指定环形阵列的各项参数,如图3-26所示。

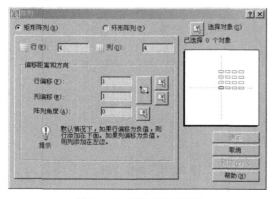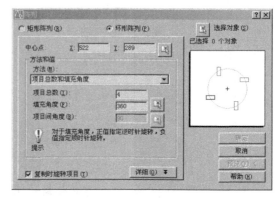

图 3-25 "阵列"对话框   图 3-26 "环形阵列"单选按键标签

【例3-8】用阵列命令复制如图3-27所示的建筑立面图中的A窗户。

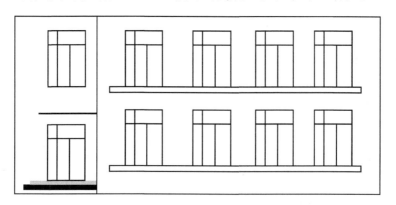

图 3-27   矩形阵列复制

具体操作步骤如下:

命令:ARRAY↙(启动阵列命令)

选择对象:指定对角点:找到4个(用包含窗口选择A窗)

选择对象:

输入阵列类型[矩形(R)/环形(P)]<R>:(使用默认矩形选项)

输入行数(——————)<1>:2(输入行数)

输入列数(|||)<1>:4(输入列数)

输入行间距或指定单位单元(——————):100(输入行间距)

指定列间距(|||):100(输入列间距)

3.2.4 偏移命令

偏移对象是指保持选择的对象的形状在不同的位置以不同的尺寸大小新建一个对象。例如门框、墙体、台阶、楼梯和路等。

1.执行步骤

命令:OFFSET↙

当前设置:删除源＝否 图层＝源 OFFSETGAPTYPE＝0

指定偏移距离或[通过(T)/删除(E)/图层(L)]＜通过＞:(指定距离值)

选择要偏移的对象,或[退出(E)/放弃(U)]＜退出＞:(选择要偏移的对象。按回车会结束操作)

指定要偏移的那一侧上的点,或[退出(E)/多个(M)/放弃(U)]＜退出＞:(指定偏移方向)

2.选项说明

(1)在输入偏移距离时,既可直接输入距离,也可用光标在屏幕上拾取两点,以利用两点间的距离作为偏移距离。

(2)指定点以确定偏移所在一侧,决定了图形偏移的方向。

(3)偏移复制只能复制单一对象,而不能复制由几个对象组成的图形。

Z 注意

点、文本、图块不能被偏移。

【例3-9】用偏移命令将如图3-28(a)所示的图形,复制成如图3-28(b)所示。

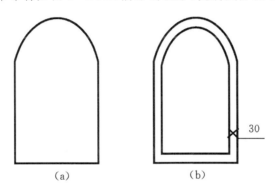

(a)　　　　　(b)

图3-28　偏移示例

具体操作步骤如下:

命令:OFFSET↙(启动偏移命令)

指定偏移距离或[通过(T)/删除(E)/图层(L)]＜通过＞:30(输入偏移距离)

选择要偏移的对象,或[退出(E)/放弃(U)]＜退出＞:(选择对象)

指定要偏移的对象或[退出(E)/多个(M)/放弃(U)]＜退出＞:(点击回车退出)

3.3　常用编辑命令

3.3.1　旋转命令

将图形绕一个基点旋转一定角度的变换称为旋转变换。该命令首先确定一个基点,所选实体绕基点转动。

1. 执行步骤

命令：ROTATE✓

UCS 当前的正角方向：ANGDIR＝逆时针 ANGBASE＝0

选择对象：（选择要旋转的对象）

指定基点：（指定旋转的基点。在对象内部指定一个坐标点）

指定旋转角度，或［复制（C）/参照（R）］＜0＞：指定旋转角度或其他选项）

2. 选项说明

（1）复制（C）。选择该项，旋转对象的同时可保留原对象，如图 3-29 所示。

旋转前　　　　　　　　　　　旋转后

图 3-29　复制旋转

（2）参照（R）。采用参考方式旋转对象时，系统提示如下：

指定参照＜0＞：（指定要参考的角度，默认值为 0）

指定新角度：输入旋转后的角度值）

操作完毕后，对象被旋转转至指定的角度位置。

注意

可以用拖动鼠标的方法旋转对象。选择对象并指定基点后，从基点到当前光标位置会出现一条连线，移动鼠标选择的对象会动态地随着该连线与水平方向的夹角的变化而旋转，点击回车会确认旋转操作。

【例 3-10】如图 3-30 所示，用旋转命令将沙发摆放在客厅的另一墙面。

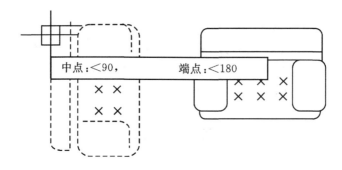

图 3-30　沙发的旋转

具体操作步骤如下：

命令：ROTATE ✓（启用旋转命令）

UCS 当前的正角方向：ANGDIR＝逆时针 ANGBASE＝0

选择对象：（选择要旋转的对象）（用包容窗口选择沙发）

指定对角点：找到 1 个

选择对象：（点击回车结束选择）

指定基点为：捕捉对象特征点（指定旋转的基点）

指定旋转角度，或［复制？／参照？］＜0＞：270（指定旋转角度）

3.3.2 拉伸命令

拉伸是将图形一部分沿任意方向拉长或缩短一定距离并保持图形各对象关系不变的变换，实际上改变了图形的形状。

1. 执行步骤

命令：STRETCH ✓

以交叉窗口或交叉多边形选择要拉伸的对象……

选择对象：C ✓

指定第一个角点：指定对角点：找到 2 个（采用交叉窗口的方式选择要拉伸的对象）

指定基点或［位移（D）］＜位移＞：（指定拉伸的基点）

指定第二个点或＜使用第一个点作为位移＞：（指定拉伸的移至点）

此时，若指定第二个点，系统将根据这两点决定的矢量拉伸对象。若直接点击回车，系统会把第一个点作为 X 和 Y 轴的分量值。

通过"STRETCH"命令移动完全包含交叉窗口内的顶点和端点。部分包含在交叉选择窗口内的对象将被拉伸，如图 3-31 所示。

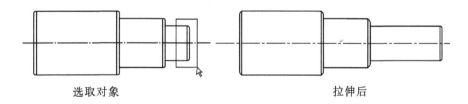

选取对象　　　　　　　　　　　　　　　　拉伸后

图 3-31　拉伸

2. 选项说明

（1）图形对象的选择只能使用交叉窗口方式或多边形窗口方式，该对象位于窗口内的端点将被移动，而窗口外的端点保持不变。

（2）使用拉伸命令时，若所选实体全部在交叉框内，则移动实体，等同于移动命令；若所选实体与选择框相交，则框内的实体被拉长或缩短。

 注意

能被拉伸的图形对象有线段、弧、多段线和轨迹线、实体和三维曲面，而文体、块、形和圆不能被拉伸。

还有宽线、圆环、二维填充实体等可对各个点进行拉伸,其拉伸结果可改变这些形体的形状。

【例 3-11】用拉伸命令将图 3-32 所示的左侧窗户拉伸为右侧大小。

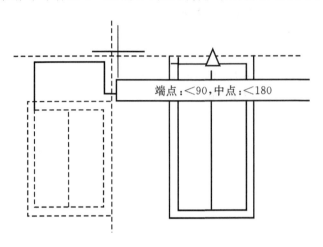

端点:<90,中点:<180

图 3-32 窗口的拉伸

具体操作步骤如下:

命令:STRETCH ↙(启用拉伸命令)

以交叉窗口或交叉多边形选择要拉伸的对象……

选择对象:指定对角点:找到 3 个(用交叉窗口选择对象)

选择对象:(按"Enter"键结束选择)

指定基点或位移:(用捕捉功能指定基点)

指定位移的第二点:(用对象追踪指定位移的第二点)

3.3.3 点命令

点命令主要包括绘点命令、绘等分点命令和绘定距等分点命令,可从下拉菜单中调用,如图 3-33 所示。绘点命令可以生成单个或多个点对象,点的样式和大小可以通过变量 PDMODE 和 PDSIZE 进行设置。

1. 执行步骤

命令:POINT ↙

当前点模式:PDMODE=0 PDSIZE=0.0000

指定点:(指定点所在的位置)

2. 选项说明

通过菜单方法操作时,如图 3-33 所示,"单点"选项表示只输入一个点,"多点"选项表示可输入多个点。

可以打开状态栏中的"对象捕捉"开关设置点捕捉模式,帮助用户拾取点;点在图形中的表示样式共有 20 种。可通过命令"DDPTYPE"或菜单"格式"→"点样式"命令,打开"点样式"对话框来设置,如图 3-33 所示。

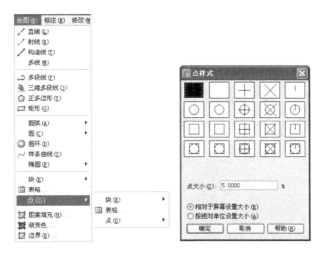

图 3-33 点的样式

【**例 3-12**】在(50,50),(70,60),(60,75)处绘制如图 3-34 所示的点,点的大小为 10。

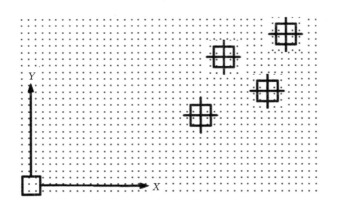

图 3-34 点的控制

具体操作步骤如下:

命令:DDPTYPE ✓(启动点样式设置对话框,选择点样式)

正在重生成模型……

命令:POINT ✓(启动点命令)

当前点模式:PDMODE=66 PDSIZE=10.0000

指定点:50,50(输入点的坐标)

……

3.4 样条曲线

3.4.1 绘制样条曲线

样条曲线命令用于生成拟合光滑曲线,它可以通过起点、控制点终点及偏差变量来控制曲线,如图 3-35 所示。建筑图中常用该命令绘制纹理线,如木纹、水面、装饰纹路、流线型墙线等,以及供其他三维命令作旋转或延伸的对象。

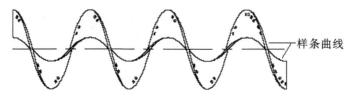

样条曲线

图 3-35　样条曲线

1. 执行步骤

命令:SPLINE↙

指定第一个点或[对象(O)]:(指定一点或选择"对象(O)"选项)

指定下一点:(指定一点)

指定下一个点或[闭合(C)/拟合公差(F)]<起点切向>:

2. 选项说明

(1)对象(O)。该命令是将二维、三维的二次或三次样条曲线拟合多段线转换为等价的样条曲线,然后(根据 DELOBJ 系统变量的设置)删除该多段线。

(2)闭合(C)。将最后一点定义为与第一点一致,并使它在连接处相切,这样可以闭合样条曲线。选择该项,系统继续提示:

指定切向:(指定点或按"Enter"键)

用户可以指定一点来定义切向矢量,或者使用"切点"和"长足"对象捕捉模式使样条曲线与现有对象相切或垂直。

(3)拟合公差(F)。修改当前样条曲线的拟合公差。根据新公差以现有点重新定义样条曲线。公差表示样条曲线拟合所指定的拟合点集时的拟合精度。公差越小,样条曲线与拟合点越接近。公差为 0,样条曲线将通过该点。输入大于 0 的公差将使样条曲线在指定的公差范围内通过拟合点。在绘制样条曲线时,可以改变样条曲线拟合公差以查看效果。

(4)起点切向。定义样条曲线的第一点和最后一点的切向。如果在样条曲线的两端都指定切向,可以输入一个点或者使用"切点"和"垂足"对象捕捉模式使样条曲线与已有的对象相切或垂直。如果按"Enter"键,AutoCAD 将计算默认切向。

【例 3-13】用样条曲线命令绘制如图 3-36 所示流线型墙线。

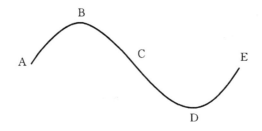

图 3-36　样品曲线

具体操作步骤：

命令：SPLINE ✓（启动样条曲线命令）

指定第一个点或［对象（O）］：（指定曲线的第一点 A）

指定下一点：（指定曲线的第一点 B）

指定下一个点或［闭合（C）/拟合公差（F）］：＜起点切向＞（指定曲线的第一点 C）

指定下一个点或［闭合（C）/拟合公差（F）］：＜起点切向＞（指定曲线的第一点 D）

指定下一个点或［闭合（C）/拟合公差（F）］：＜起点切向＞（指定曲线的第一点 E）

指定下一个点或［闭合（C）/拟合公差（F）］：＜起点切向＞（按 Enter 键结束控制点输入）

指定起点切向：（样条起始切点）

指定终点切向：（样条终点切点）

3.4.2　编辑样条曲线

编辑样条曲线命令可提供对点、线段、样条曲线三个次对象级别的编辑修改。

1. 执行步骤

命令：SPLINEDIT ✓

选择样条曲线：（选择要编辑的样条曲线。若选择的样条曲线是用"SPLINE"命令创建的，其近似点以夹点的颜色显示出来；若选择的样条曲线是用"PLINE"命令创建的，其控制点以夹点的颜色显示出来。）

输入选项［拟合数据（F）/闭合（C）/移动顶点（M）/精度（R）/反转（E）/放弃（U）］：

2. 选项说明

（1）拟合数据（F）：编辑近似数据。选择该项后，创建该样条曲线时指定的各点以小方格的形式显示出来。

（2）移动顶点（M）：移动样条曲线上的当前点。

（3）精度（R）：调整样条曲线的定义。

（4）反转（E）：翻转样条曲线的方向。该项操作主要用于应用程序。

【例 3-14】用编辑样条曲线命令绘制如图 3-37 所示的螺丝刀图形。

图 3-37　螺丝刀

绘制步骤：

（1）利用"矩形"命令、"直线"命令、"圆弧"命令，绘制螺丝刀左部把手。首先，利用"矩形"命令绘出矩形，两个角点的坐标分别为（45,180）和（170,120）。接着利用"直线"命令绘制两条直线，端点坐标是{（45,134），（@125＜0）}和{（45,166），（@125＜0）}。然后，利用三点绘制圆弧，三个端点的坐标分别为（45,180），（35,150），（45,120）。绘制的图形如图 3-38 所示。

（2）利用"样条曲线"命令和"直线"命令，画螺丝刀的中间部分。

命令：SPLINE ✓（样条曲线命令）

指定第一个点或［对象（O）］：170,180 ✓（给出样条曲线第 1 点的坐标值）

指定下一点：192,165 ✓（给出样条曲线第 2 点的坐标值）

指定下一点或［闭合（C）/拟合公差（F）］＜起点切向＞：225,187 ✓（给出样条曲线第 3 点

的坐标值)

指定下一点或[闭合(C)/拟合公差(F)]<起点切向>:255,180 ✓(给出样条曲线第4点的坐标值)

指定下一点或[闭合(C)/拟合公差(F)]<起点切向>:✓

指定起点切向:202,150 ✓(给出样条曲线起点切线上一点的坐标值)

指定端点切向:280,150 ✓(给出样条曲线起点切线上一点的坐标值)

命令:SPLINE ✓(样条曲线命令)

指定第一个点或[对象(O)]:170,120 ✓

指定下一点:192,135 ✓

指定下一点或[闭合(C)/拟合公差(F)]<起点切向>:225,113 ✓

指定下一点或[闭合(C)/拟合公差(F)]<起点切向>:255,120 ✓

指定下一点或[闭合(C)/拟合公差(F)]<起点切向>:✓

指定起点切向:202,150 ✓

指定端点切向:280,150 ✓

利用"直线"命令绘制连续线段,端点坐标是{(255,180),(308,160),(@5<90),(@5<0),(@30<−90),(@5<−180),(@5<90),(255,120),(255,180)},接着利用"直线"命令绘制另一条线段,端点坐标分别是{(308,160),(@20<−90)}。绘制的图形如图3-39所示。

 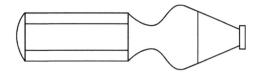

图3-38　绘制螺丝刀右部把手　　　　图3-39　绘制螺丝刀中部部分后的图形

(3)利用"多段线"命令,绘制螺丝刀的右部。

命令:PLINE ✓(多线段命令)

指定起点:313,155(给出多线段起点的坐标值)

当前线宽为0.0000

指定下一个点或[圆弧(A)/半宽(H)/长度(L)/放弃(U)/宽度(W)]:@162<0 ✓

指定下一点或[圆弧(A)/闭合(C)/半宽(H)/长度(L)/放弃(U)/宽度(W)]:a ✓(转为画圆弧的方式)

指定圆弧的端点或[角度(A)/圆心(CE)/闭合(CL)/方向(D)/半宽(H)/直线(L)/半径(R)/第二个点(S)/放弃(U)/宽度(W)]:490,160 ✓

指定圆弧的端点或[角度(A)/圆心(CE)/闭合(CL)/方向(D)/半宽(H)/直线(L)/半径(R)/第二个点(S)/放弃(U)/宽度(W)]:✓

命令:PLINE(多线段命令)

指定起点:313,145 ✓

当前线宽为0.0000

指定下一个点或[圆弧(A)/半宽(H)/长度(L)/放弃(U)/宽度(W)]:@162<0 ✓

指定下一点或[圆弧(A)/闭合(C)/半宽(H)/长度(L)/放弃(U)/宽度(W)]:a ✓

指定圆弧的端点或[角度(A)/圆心(CE)/闭合(CL)/方向(D)/半宽(H)/直线(L)/半径

(R)/第二个点(S)/放弃(U)/宽度(W)]:490,140↙

指定圆弧的端点或[角度(A)/圆心(CE)/闭合(CL)/方向(D)/半宽(H)/直线(L)/半径(R)/第二个点(S)/放弃(U)/宽度(W)]:L↙(转为直线命令)

指定下一点或[圆弧(A)/闭合(C)/半宽(H)/长度(L)/放弃(U)/宽度(W)]:510,145

指定下一点或[圆弧(A)/闭合(C)/半宽(H)/长度(L)/放弃(U)/宽度(W)]:@10<90

指定下一点或[圆弧(A)/闭合(C)/半宽(H)/长度(L)/放弃(U)/宽度(W)]:490,160

指定下一点或[圆弧(A)/闭合(C)/半宽(H)/长度(L)/放弃(U)/宽度(W)]:↙(结果如图3-37所示)

3.5　使用频率较高的编辑命令

3.5.1　删除命令

如果所绘制的图形不符合要求或不小心错绘了图形,可以使用删除命令"ERASE"把它删除。

1.执行步骤

可以先选择对象后调用删除命令,也可以先调用删除命令然后再选择对象。选择对象时可以使用前面介绍的对象选择的各种方法。

当选择多个对象时,多个对象都会被删除;若选择的对象属于某个对象组,则该对象组的所有对象都被删除。

2.选项说明

删除命令可将选中的图形消失,与之对应的另外两条命令则可将刚擦除的形体恢复:一是用"U"命令,它通过取消删除命令而恢复擦除的形体;另一种形式是用"OOPS"命令,它并未取消删除命令的结果,而是将刚擦除的形体恢复。

【例3-15】用删除命令删除如图3-40(a)所示的窗户横线。

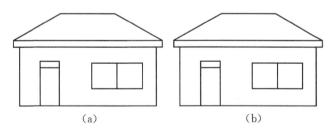

(a)　　　　　　　(b)

图3-40　删除直线

具体操作步骤:

命令:ERASE↙(启动命令)

选择对象:找到1个(选中要删除对象)

选择对象(按"Enter"键确认删除选中对象,并结束删除命令)

3.5.2　恢复命令

如果不小心误删除了图形,可以使用恢复命令"OOPS"恢复误删除的对象。在命令窗口的提示行上输入"OOPS",按"Enter"键即可删除对象恢复。

3.5.3　清除命令

此命令与删除命令功能完全相同。用菜单或快捷键输入"Del"命令,系统提示:

选择对象:(选择要清除的对象,按"Enter"键执行清除命令)

3.5.4　移动命令

移动命令用于把单个对象或多个对象从它们当前的位置移至新位置,它有两种平移方法:基点法和相对位移法。这种移动并不改变对象的尺寸和方位。该命令主要用于图形绘制完成后,位置不合适情况下进行的调整。

1.执行步骤

命令:MOVE✓

选择对象:(选择对象)

用前面介绍的对象选择方法选择要移动的对象,用回车结束选择。系统继续提示:

指定基点或位移:(指定基点或移至点)

指定基点或[位移(D)]<位移>:(指定基点或位移)

指定第二个点或<使用第一个点作为位移>:

命令选项功能与"复制"命令类似。

2.选项说明

(1)图形移动后,原位置的图形消失,在新的位置上出现该图形。

(2)位移可以用键盘输入数值,或用鼠标配合对象追踪、对象捕捉点取。

(3)选择的基点和第二点决定了图形移动的距离和方向。

不过,需要注意对象的选择方式和基点的选择位置。

【例3-16】如图3-41所示,沙发摆放位置不合适,试通过操作对其进行移动。

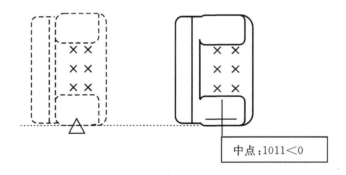

图3-41　沙发的移动

具体操作步骤:

命令:MOVE✓(启动移动命令)

选择对象:W(选用窗口方式选择对象)

指定第一个角点:指定对角点:找到1个(指定窗口的两个对角点)

选择对象:(结束选择对象)

指定基点或位移:捕捉对象中点(指定基点)

指定位移的第二个点或＜使用第一个点作为位移＞:@1000＜0(输入移动的距离)

3.5.5　比例缩放命令

按一定比例图形放大或缩小以生成相似的图形,这种变换称为比例变换。该命令可以把整个图形或者图形的一部分沿 X、Y、Z 轴方向以相同的比例放大或缩小,由于向三个方向的缩放率相同,因此,保证了缩放图形的形状不变。

1. 执行步骤

命令:SCALE✔

选择对象:(选择要缩放的对象)

指定基点:(指定缩放操作的基点)

指定比例因子或[复制(C)/参照(R)]＜1.0000＞:

2. 选项说明

采用参考方向缩放对象对象时,系统提示如下:

指定参考长度＜L＞:(指定参考长度值)

指定新的长度或[点(P)]＜1.0000＞:(指定新长度值)

【例 3-17】如图 3-42 所示图形,用比例命令缩小一半。

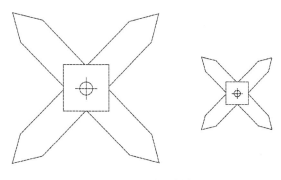

图 3-42　图形缩放

具体操作步骤:

命令:SCALE✔(启动比例命令)

选择对象:指定对角点:找到 13 个(通过窗口方式选择对象)

选择对象:(按"Enter"键结束选择)

指定基点:CEN 于(捕捉基点)

指定比例因子或[参考(R)]:5(输入比例因子 0.5)

3.5.6　拉长命令

拉长命令可延伸和缩短直线或改变圆弧的圆心角,该命令允许以动态拖动对象终点,输入增量值,输入百分比值或输入对象的总长的方法来改变对象的长度。当直线、弧绘制长或短的时候,可用该命令修改。

1. 执行步骤

命令:LENGTHEN✔

选择对象或[增量(DE)/百分数(P)/全部(T)/动态(DY)]:(选定对象)

当前长度:30.5001(给出选定对象的长度,如果选择圆弧则还将给出圆弧的包含角)

选择对象或[增量(DE)/百分数(P)/全部(T)/动态(DY)]:DE ✓(选择拉长或缩短的方式。如选择"增量(DE)"方式)

输入长度增量或[角度(A)]<0.0000>:10 ✓(输入长度增量数值。如果选择圆弧段,则可输入选项"A"给定角度增量)

选择要修改的对象或[放弃(U)]:(选定要修改的对象进行拉长操作)

选择要修改的对象或[放弃(U)]:(继续选择,回车结束命令)

2.选项说明

启动命令后,出现提示如下:

选择对象或[增量(DE)/百分数(P)/全部(T)/动态(DY)]:

增量(DE):通过输入增量来延长或缩短对象,正值表示增长,负值表示缩短,该增量可以是长度或角度。

百分数(P):通过输入百分比表示来改变对象的长度或圆心角大小。

全部(T):通过输入对象的总长度来改变对象的长度。

动态(DY):用动态模式拖动对象的一个端点来改变对象的长度或角度。

【例3-18】用拉长命令将图3-43(a)所示左侧的直线拉长50%,右侧圆弧角度改为180°。

(a)   (b)

图3-43 直线弧的拉长

具体操作步骤:

命令:LENGTHEN ✓(启动拉长命令)

选择对象或[增量(DE)/百分数(P)/全部(T)/动态(DY)]:P(更改选项)

输入长度百分数<100.0000>:200 ✓(输入长度百分数)

选择要修改的对象或[放弃(U)]:(选择直线)

选择要修改的对象或[放弃(U)]:(按"Enter"键结束选择)

命令:LENGTHEN ✓(按空格键,重启伸长命令)

选择对象或[增量(DE)/百分数(P)/全部(T)/动态(DY)]:T(更改选项)

指定总长度或[角度(A)]<1.0000>:A ✓(更改选项)

指定总角度<57>:180(输入长度百分数)

选择要修改的对象或[放弃(U)]:(选择圆弧)

选择要修改的对象或[放弃(U)]:(按"Enter"键结束选择)

3.5.7 修剪命令

修剪是指去掉对象的某一部分。修剪操作涉及两类对象:一类是修剪对象,它作为剪切时的切割边界;另一类是被修剪对象,即被修改对象。被修剪的对象可以是直线、圆、弧、多段线、样条线、射线等。使用时首先要选择切割边和边界,然后选择要修剪的图形对象。

1. 执行步骤

命令：TRIM ✓

当前设置：投影＝UCS，边＝无

选择剪切边……

选择对象或＜全部选择＞：（选择用作修剪边界的对象）

按"Enter"键结束对象选择，系统提示：

选择要修剪的对象，或按住"Shift"键选择要延伸的对象，或［栏选（F）/窗交（C）/投影（P）/边（E）/删除（R）/放弃（U）］：

2. 选项说明

在选择对象时，如果按"Shift"键，系统就自动将"修剪"命令转换成"延伸"命令。

选择"边"选项时，可以选择对象的修剪方式。

延伸（E）选项用于对延伸边界进行修剪，在此方式下，如果剪切边没有与要修剪的对象相交，系统会延伸剪切边直至与对象相交，然后再修剪，如图 3 - 44 所示。

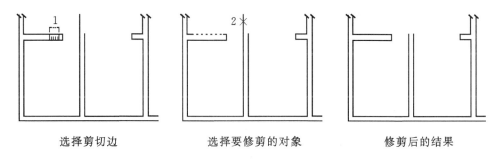

选择剪切边　　　　　选择要修剪的对象　　　　　修剪后的结果

图 3 - 44　"延伸"方式的修剪对象

不延伸（N）选项用于不延伸边界修剪对象，只修剪与剪切边相交的对象。

选择"栏选（F）"选项时，系统会以栏选的方式选择修剪对象，如图 3 - 45 所示。

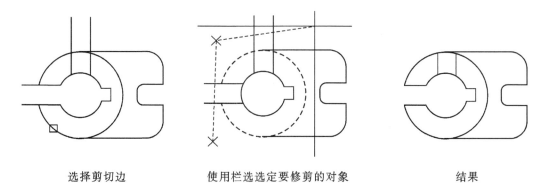

选择剪切边　　　　使用栏选选定要修剪的对象　　　　结果

图 3 - 45　所示栏选修剪对象

选择"窗交"选项时,系统以栏选的方式选择被修剪对象,如图 3-46 所示。

使用窗交选择设定的边　　　　选定要修剪的对象　　　　结果

图 3-46　"窗交"选择修剪对象

【例 3-19】绘制如图 3-47 所示的对称结构图形。

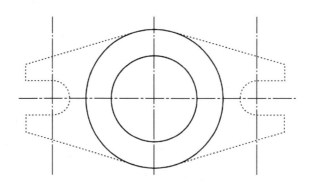

图 3-47　选择对象

具体操作步骤:

(1)利用"图层"命令设置两个新图层:①粗实线层,线宽 0.3mm,其余属性默认;②中心线层,颜色红色,线型为 CENTER,其余属性默认。

(2)设置中心线层为当前层。利用"直线"命令绘制图形的对称中心线。

(3)转换到粗实线层,利用"圆"和"多段线"命令绘制图形的右上部分,如图 3-48 所示。

(4)利用"镜像"命令分别以水平和竖直中心线为轴镜像所绘制的图形。

(5)利用"修剪"命令修剪所绘制的图形,命令行提示与操作如下:

命令:TRIM ✓

当前设置:投影=UCS,边=无

选择剪切边

选择对象或<全部选择>:(选择四条多段线,如图 3-49 所示)

总计 4 个选择对象:✓

选择要修剪的对象,或按住"Shift"键选择要延伸的对象,或[栏选(F)/窗交(C)/投影(P)/边(E)/删除(R)/放弃(U)]:(分别选择中间大圆的左右段)

最终绘制的图形结果如图 3-47 所示。

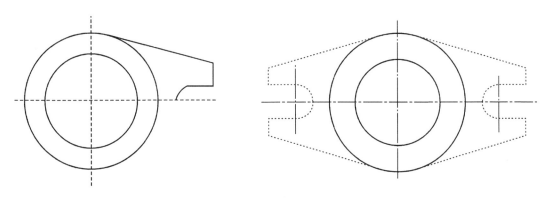

图 3-48 绘制右上部分　　　　　　　图 3-49 对称结构图形

【例 **3-20**】绘制如图 3-50 所示十字路口。

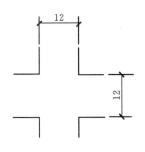

图 3-50 十字路口

绘制该图的方法有多种：

(1)可以使用绘制"直线"命令,按图形一步一步地绘制,这种方法绘制繁琐、速度最慢,而且受尺寸的限制,要么作辅助线或使用对象追踪辅助工具。

(2)使用"直线"命令绘制一段直线后,再使用"复制"命令、"修剪"命令也可绘出该图。

(3)如图 3-51 所示,利用"直线"命令任意绘制两个直线 A 和 B,经过偏移命令,得到 C 和 D,再利用"修剪"命令剪掉多余的线段,即可得到所要的图。该方法速度快,尺寸精确,绘制方便。

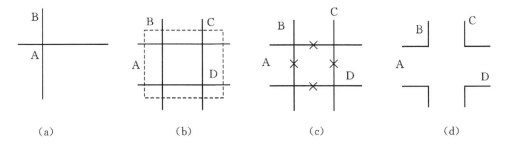

(a)　　　　　　　(b)　　　　　　　(c)　　　　　　　(d)

图 3-51 偏移、剪切绘制十字路口

具体操作步骤：

命令：LINE ✓(绘制直线命令)

指定第一点：（指定第一点）

指定下一点或［放弃(U)］：（指定第二点，绘制 A 线）

指定下一点或［放弃(U)］：（按"Enter"键结束直线命令）

命令：LINE 指定第一点（启动绘制直线命令，指定第一点）

指定下一点或［放弃(U)］：（指定第二点，绘制 B 线）

指定下一点或［放弃(U)］：（按"Enter"键结束直线命令）

命令：

命令：OFFSET ✓（启动偏移命令）

指定偏移距离或［通过(T)］＜缺省＞：12（输入偏移距离 12）

选择要偏移的对象或＜退出＞：（选择直线 A）

指定点确定偏移所在一侧：（指定直线 A 下方）

选择要偏移的对象或＜退出＞：（选择直线 B）

指定点确定偏移所在一侧：（指定直线 B 右侧）

选择要偏移的对象或＜退出＞：（按"Enter"键结束直线命令）

命令：

命令：TRIM ✓（启动修剪命令）

当前设置：投影＝UCS，边＝无

选择剪切边……

选择对象：指定对角点：找到 8 个（用交叉窗口选中 A、B、C、D 直线）

选择对象：（结束选择边界）

选择要修剪的对象或［投影(P)/边(E)/放弃(U)］：（选 A，D 直线中间的 B 线段）

选择要修剪的对象或［投影(P)/边(E)/放弃(U)］：（选 A，D 直线中间的 C 线段）

选择要修剪的对象或［投影(P)/边(E)/放弃(U)］：（选 B，C 直线中间的 A 线段）

选择要修剪的对象或［投影(P)/边(E)/放弃(U)］：（选 B，C 直线中间的 D 线段）

选择要修剪的对象或［投影(P)/边(E)/放弃(U)］：（结束修剪命令）

（4）经过观察图形，该图形有对称性，所以也可以绘制出一部分图形后，使用"镜像"命令。如图 3-52 所示，选择镜像线的端点时，可以利用"对象追踪"命令捕捉距离，也能较方便地绘制所要求的图形。如果绘制图形是对称的，该方法也是非常快速和方便的。

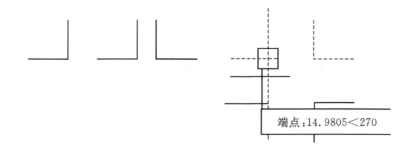

端点：14.9805＜270

图 3-52　镜像绘制十字路口

具体操作步骤：

命令:LINE✓(绘制直线命令)

(5)经观察图形是对称的,也可以首先绘制图形的中心线,使用"偏移"命令将中心线左右、上下偏移,再将这些直线更改特性,然后使用"修剪"命令也可以得到要求的图形。如图3-53所示。

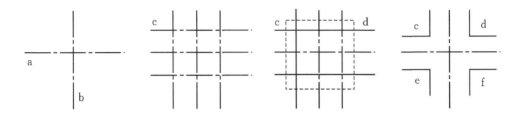

图3-53 偏移、修剪绘制十字路口

3.5.8 延伸命令

延伸是将对象延长,其作用与修剪相反。延伸操作也涉及两类对象:一类是作为延伸的边界,另一类是被延伸的对象。延伸命令用于把直线、弧和多段线延长到指定的边界,这些边界可以是直线、圆弧和多段线。

1.执行步骤

命令:EXTEND✓

当前设置:投影=UCS,边=无

选择边界的边……

选择对象或<全部选择>:(选择边界对象)

选择边界对象后,系统继续提示:

选择要延伸的对象,或按住"Shift"键选择

要修剪的对象,或[栏选(F)/窗交(C)/投影(P)/边(E)/放弃(U)]:

2.选项说明

如果修剪或延伸锥形的二维多段线线段,修剪处将保留当前的宽度,如果是延伸,线的宽度将按原来的变化趋势将原来的锥形延长到新端点。当然如果延伸到端点处时端点是负值,则末端宽度被强制为0,如图3-54所示。

选择边界对象　　　　选择要延伸的多义线　　　　延伸后的结果

图3-54 延伸对象

【例3-21】如图3-55所示,用延伸命令延伸墙体。

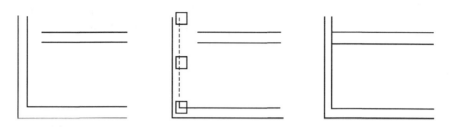

图3-55 墙体的延伸

具体操作步骤:

命令:EXTEND ✓(启动延伸命令)

当前设置:投影=UCS,边=无

选择边界的边……

选择对象或<全部选择>:找到1个(选择延伸命令)

选择对象:(按"Enter"键结束选择)

选择要延伸的对象或[投影(P)/边(E)/放弃(U)]:(单选第一条线)

选择要延伸的对象或[投影(P)/边(E)/放弃(U)]:(单选第二条线)

选择要延伸的对象或[投影(P)/边(E)/放弃(U)]:(按"Enter"键结束选择)

3.5.9 打断(断开)命令

打断命令是将对象在其中间部位断开或截掉一段。该命令可将直线、弧、圆、多段线、椭圆、样条曲线、射线分成两个实体或删除第一部分。该命令通过指定两点与选择物体后再指定两点这两种方式断开形体。

1. 执行步骤

命令:BREAK ✓

选择对象:(选择要打断的对象)

指定第二个打断点或[第一点(F)]:(指定第二个断开点或键入F)

2. 选项说明

(1)对"选择对象"选项,缺省情况下是断开的第一点。"指定第二打断点或[第一点(F)]:"也可以通过F选项确定待断开目标,若输入"@"则表示第二个断开点与第一个断开点是同一点,虽然看不见,实际上实体已被无缝断开。

(2)如果将一个断点定义为端点,也可将对象的端部截掉一段。

(3)将圆或圆弧进行断开操作时,一定要按逆时针方向进行操作,即第二点应相对于第一点在逆时针方向,否则可能会把不该剪掉的部分剪掉。

(4)利用修剪命令也能剪掉对象中间或端部的一部分,但修剪命令是以其他图形对象为修剪对象,而断开命令是以选择的点作为修剪边界,不需要其他对象。

【例 3-22】将图 3-56(a)中过长的中心线删除掉。

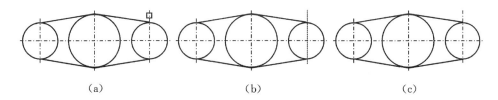

| (a) | (b) | (c) |

图 3-56 打断对象

具体操作步骤：

命令：BREAK ↙(执行打断命令)

按命令提示选择过长的中心线需要打断的地方,如图 3-56(a)所示。这时被选中的中心线亮显,如图 3-56(b)所示。在中心线的延长线上选择第二点,多余的中心线被删除,结果如图 3-56(c)所示。

 练习题

1.填空题

(1)使用"POLYGON"命令绘制正多边形过程中,当提示输入边的数目时,输入的值不能小于_____。

(2)如果要绘制一个正方形,可以使用_____命令,只是需要将长度和宽度设置为相同的值。

(3)通过指定起点、_____和半径可以绘制一段圆弧。

(4)若要绘制一个半径确定并且与两个图形对象相切的圆,则需要在命令行中输入_____命令,并选取_____选项。

2.选择题

(1)绘制椭圆或椭圆弧的方式有几种?(　　)

A.2　　　　B.3　　　　C.4　　　　D.5

(2)椭圆中心,可否用抓取模式来决定?(　　)

A.能　　　B.不能

(3)已知一长轴及投影角度,能否绘制一椭圆?(　　)

A.能　　　B.不能

(4)使用"POLYGON"命令画多边形时,选择边长(EDGE)方式后,只能用两点确定边长,不可用数值确定边长。以上说法是否正确?(　　)

A.对　　　　B.错

(5)"用'RECTANG'命令画多边形时,所选的第一角点可以是左下角点,也可以是右上角点。"以上说法是否正确?

A.对　　　　B.错

(6)使用正多边形命令绘制正多边形有(　　)种画法,这些画法都必须给定(　　)。

A.3,边数　　　B.3,边数　　　C.4,圆半径　　　D.3,圆半径

(7)绘制正多边形,给定同样的半径,外切于圆比内接于圆方式的正多边形(　　)。

A.大　　　　B.小　　　　C.相等　　　　D.不能比较

(8)"矩形命令绘制的图形是一个整体。"以上说法是否正确?(　　　)

A.对　　　　B.错

(9)矩形命令绘制矩形时,倒角的大小选项能否设置负值?(　　　)

A.能　　　　B.不能

(10)绘制有一定宽度圆的命令是(　　　)。

A.圆　　　　B.弧　　　　C.圆环

(11)样条曲线命令只能用专用的编辑命令进行编辑修改。以上说法是否正确?(　　　)

A.对　　　　B.错

(12)绘制直线的命令有(　　　)种?

A.2　　　　B.3　　　　C.4　　　　D.5

3.上机绘图题

(1)绘制如题图3-1所示的图形。绘制要点:设置绘图环境(包括绘图界限、辅助工具、图层、线型和线宽),用"直线"和"圆"命令进行进行绘制。

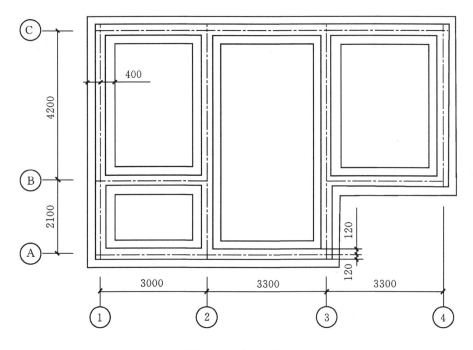

题图 3-1　基础平面

(2)绘制如题图 3-2 所示的图形。绘图要点:利用"椭圆""矩形"和"直线"命令进行绘制。

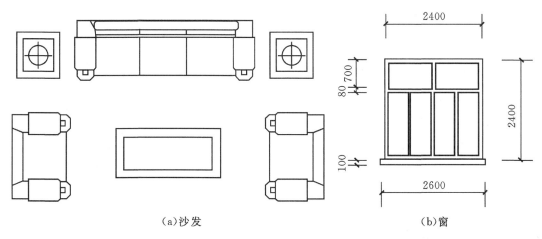

（a)沙发　　　　　　　　　　　　　　　（b)窗

题图 3-2

(3)绘制如题图 3-3 所示的图形,不能用修剪。(提示:用到"极轴捕捉""圆弧工具""阵列"等命令)

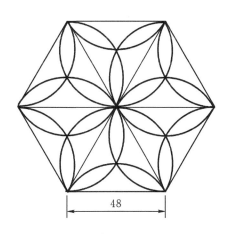

题图 3-3

(4)绘制如题图 3-4 所示的图形。(提示:用"偏移""修剪""对象追踪"等命令)

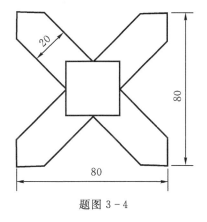

题图 3-4

(5)绘制如题图3-5、题图3-6所示的图形。(提示:用"阵列"和"参照缩放"等命令绘制)

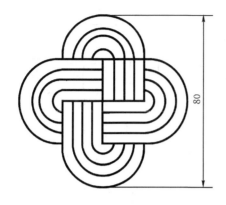

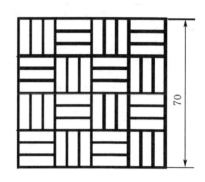

题图3-5　　　　　　　　　　　　　　题图3-6

(6)绘制如题图3-7所示的图形。(提示:用"复制""旋转"和"参照缩放"等命令)

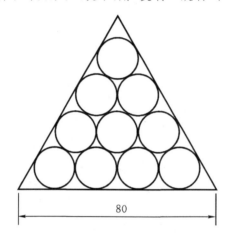

题图3-7

(7)绘制如题图3-8所示图形。(提示:借助其他图形来绘制和参照缩放)

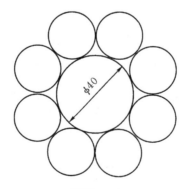

题图3-8

Ⅲ 建筑专业技能篇

第4章 建筑制图的准备

教学目标

1. 掌握图层特性管理器的使用方法
2. 掌握图层的创建方法,包括设置图层的颜色、线形、线宽
3. 能够管理图层
4. 掌握多线的绘制
5. 掌握创建与编辑块,编辑和管理属性块的方法

4.1 图层特性管理器

图层相当于图纸绘图中使用的重叠图纸,每一张图纸像是一张透明的薄膜(也可以理解为玻璃),每一张可以单独绘图和编辑,设置不同的特性而不影响其他的图纸,重在一起又成为一幅完整的图形,如图4-1所示。图层是图形中使用的主要组织工具。可以使用图层将信息按功能编组,起到对图形进行分类的作用,也可以强制执行线型、颜色及其他标准。图层特性管理器对话框如图4-2所示。

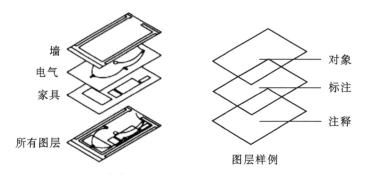

图 4-1 图层与图纸的关系

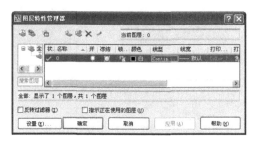

图 4-2 "图层特性管理器"对话框

通过创建图层,可以将类型相似的对象指定给同一图层以使其相关联。例如,可以将构造线、文字、标注和标题栏置于不同的图层上。然后可以控制以下各项:如图 4-1 所示。

（1）图层上的对象在任何视口中是可见还是暗显;

（2）是否打印对象以及如何打印对象;

（3）为图层上的所有对象指定何种颜色;

（4）为图层上的所有对象指定何种默认线型和线宽;

（5）是否可以修改图层上的对象;

（6）对象是否在各个布局视口中显示不同的图层特性。

每个图形均包含一个名为"0"的图层,用户无法删除或重命名图层 0。该图层有两种用途:确保每个图形至少包括一个图层;提供与块中的控制颜色相关的特殊图层。

 注意

建议用户创建几个新图层来组织图形,而不是在图层 0 上创建整个图形。

4.2　使用与管理线型

每个新建图层的特性都被指定为默认设置:颜色为白色（或黑色,由背景色决定）,线型为Continuous,线宽为默认值。为满足绘图需要,用户一般应为每个图层指定新的颜色、线型和线宽。

1. 图层的颜色

AutoCAD 绘制的图形对象都具有一定的颜色。所谓图层的颜色,是指该图层上的实体颜色,如图 4-3 所示,它由图层特性管理器中该图层的颜色设置确定。

图 4-3　图层颜色设置

如果在"颜色"控件中设置了特定的颜色,此颜色将替代当前图层的默认颜色而应用于所有新对象。"特性"工具栏上的"线型"控件、"线宽"控件和"打印样式"控件也是如此。

"随块"设置只应在创建块时使用,具体参见后续 4.6.3 节的内容。

2. **图层的线型**

图层的线型是指在图层中绘图时所用的线型,每一层都应用一个相应的线型。不同的图层可以设置不同的线型,也可以设置相同的线型。线型是点、横线和空白段等按一定规律重复出现形成的图案,复杂线型是符号与点、横线、空格一起重复组合的图案,如图 4 - 4 所示。AutoCAD 提供了多达 45 种特殊线型。

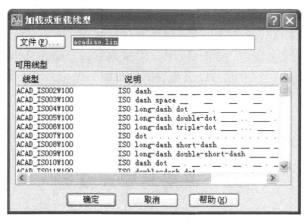

图 4 - 4 "加载或重载线型"对话框

4.3 设置图层的线宽

在实际绘图中,往往需要不同的线宽来表现对象本身的特征。AutoCAD 为用户提供了线宽的设置功能,如图 4 - 5 所示。

图 4 - 5 图层线宽

 注意

图层设置的线宽特性是否能显示在显示器上,还需要通过状态栏的"线宽"按钮起作用。

4.4　管理图层

在对话框的图层列表中,显示了已有图层及其设置。其中,第三、四、五列用于表示各图层的状态,如"开""冻结""锁定"等,如图 4-6 所示。

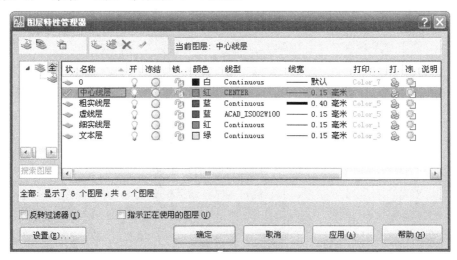

图 4-6　图层的设置

1. 打开/关闭

在打开状态下,灯泡的颜色为黄色;在关闭状态下,灯泡的颜色为灰色。打开的图层是可见的,而关闭的图层则不可见,也不能用打印机或绘图仪输出。

2. 冻结/解冻

单击列表中对应的太阳图标,可以冻结或解冻图层。如果图层被冻结,显示"雪花"图标,此时该图层上的图形对象不能显示出来,而且也不能编辑或修改该图层上的图形对象。另外,用户不能冻结当前图层。

注意

从可见性来说,冻结的图层与关闭的图层是相同的,但冻结的图层不参加处理过程中的运算,关闭的图层则要参加运算。所以在复杂的图形中冻结不需要的图层可以加快系统生成新图形的速度。

4.4.1 对象特性

对象特性一般包括基本特性、几何特性、打印样式特性和视图特性等。其中,对象的基本特性包括对象的颜色、线型、图层以及线宽等。几何特性包括对象的尺寸和位置等。

控制现有对象的特性,可以通过如图 4-7、图 4-8 所示的方式使用该命令。

在修改对象特性时,用户可以直接在选项面板中输入数值、通过下拉列表框选择或用键盘输入坐标值等方法来改变对象特性,如图 4-7 所示。

例如,一个圆对象的特性如图 4-8 所示。可根据圆的面积、周长直接绘制圆,结果如图 4-9 所示。

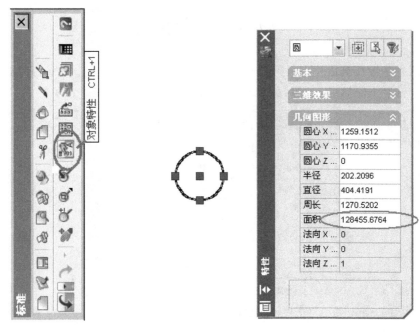

图 4 - 7 "标准"工具栏   图 4 - 8 "圆"的特性选项板

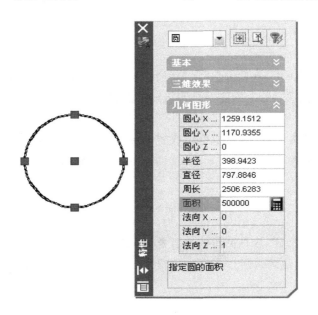

图 4 - 9 利用特性,根据面积绘制"圆"

4.4.2 特性匹配(MATCHPROP)

特性匹配命令可以将源对象的特性(如颜色、线型和图层等)传递到另一个或多个目标对象上。

命令:_MATCHPROP

选择源对象:

//选择要复制其特性的对象

　　当前活动设置：颜色 图层 线型 线型比例 线宽 厚度 打印样式 标注 文字 填充图案 多段线 视口 表格材质 阴影显示 多重引线

　　//当前选定的特性匹配设置

　　选择目标对象或［设置(S)］：

　　//输入 s 或选择一个或多个要复制其特性的对象

　　选择目标对象或［设置(S)］：

　　//指定要将源对象的特性复制到其上的对象

　　//选择目标对象或按"Enter"键应用特性并结束该命令

4.4.3　设置全局线型比例因子(LTSCALE)

　　通过全局修改或单个修改每个对象的线型比例因子,可以以不同的比例使用同一个线型。

　　默认情况下,全局线型和单个线型比例均设置为 1.0。比例越小,每个绘图单位中生成的重复图案就越多。例如,设置为 0.5 时,每一个图形单位在线型定义中显示重复两次的同一图案。不能显示完整线型图案的短线段显示为连续线。对于太短,甚至不能显示一个虚线小段的线段,可以使用更小的线型比例。

　　线型管理器显示有"全局比例因子"和"当前对象比例"两个选项。

　　"全局比例因子"的值控制 LTSCALE 系统变量,该系统变量可以全局修改新建和现有对象的线型比例。

　　"当前对象比例"的值控制 CELTSCALE 系统变量,该系统变量可设置新建对象的线型比例。

　　使用"LTSCALE"命令以更改用于图形中所有对象的线型比例因子。修改线型的比例因子将导致重生成图形。

4.5　多线绘制与编辑

　　多线对象是由 1 至 16 条平行线组成,这些平行线称为元素。多条平行线组成的组合对象,平行线之间的间距和数目等是可以调整的。其突出的优点是能够提高绘图效率,保证图线之间的统一性。

　　1.绘制多线

　　命令行:MLINE(ml)

　　2.定义多线样式

　　在 AutoCAD2010 中,用户可以根据需要创建多线样式,设置其线条数目、线型、颜色和线的连接方式等。

　　命令行:MLSTYLE

　　3.修改多线样式

　　在"多线样式"对话框中,单击"修改"按钮,打开"修改多线样式"对话框,可以修改选定的多线样式,不能修改默认的 STANDARD 多线样式。

⚡ 注意

不能编辑 STANDARD 多线样式或图形中正在使用的任何多线样式的元素和多线特性。要编辑现有多线样式,必须在使用该样式绘制任何多线之前进行。

4. 编辑多线

在 AutoCAD2010 中,可以使用编辑工具编辑多线。

命令行:MLEDIT

4.6 块与块属性

在绘制图形的过程中,经常需要绘制一些相同或相似的图形对象,这时用户就可以使用 AutoCAD 提供的"块"功能,将需要多重绘制的图形创建成"块",然后在需要的时候将这些"块"插入到图形中。在 AutoCAD 中,用户还可以使用"块"编辑器对已经创建的"块"进行编辑。

在 AutoCAD 中使用外部参照既可以方便地参照其他图形进行工作,又不会占用太多的存储空间,而且还会及时更新参照图形。

在 AutoCAD 中,系统提供了与 Windows 资源管理器相类似的设计中心。利用设计中心,用户可以直观、高效地对图形文件进行浏览、查找和管理。

4.6.1 块的定义

"块"是一个或多个基本图形对象的集成。在实际应用中,块能够帮助用户在同一个图形或其他图形中重复使用一个对象,而该对象可以是多个基本图形对象的集成。块的特点如下:

(1)提高绘图速度。把绘制工程图中经常使用的某些图形结构定义成图块并保存在磁盘中,这样在以后的使用中可以提高工作效率。

(2)节省存储空间。每个图块在图形文件中只存储一次,在多次插入时,计算机只保留有关插入信息,而不需要把整个图块重复存储,这样就可以节省存储空间。

(3)便于图形修改。实际的工程图纸往往需要修改多次。如果原来的图形是通过插入块的方法绘制的,那么只需要对其进行简单的再定义操作,插入图中的所有该图块均会自动更新。

(4)加入属性。很多图块要求有文字信息进一步解释其用途。AutoCAD 允许为块创建这些文字属性,属性可以随着块的每次引用而改变,而且可以设置它的可见性。

在 AutoCAD 中,图块分为内部块和外部块,内部块只能在原图形(定义图块的图形)中被调用,而不能被其他图形调用。

1. 创建内部块

内部块是指在当前图形中定义块参照,并将块与当前图形数据保存在一起,如图 4 - 10 所示。

2. 创建外部块

外部块是指将创建的块命名存盘,这样块就可以被其他图形使用。

外部块命令用于将选定的实体作为一个外部图形文件保存来。它和其他图形文件没有什么区别,同样可以被打开、编辑,也可以被其他图形作为图块调用。

图 4 - 10 "创建内部块"对话框

在命令行提示下输入"WBLOCK",系统弹出如图 4 - 11 所示的对话框。

图 4 - 11 "外部块"对话框

4.6.2 插入块

在 AutoCAD 中,用户可以将创建的块插入到图形文件中。在插入图块时,用户必须确定插入的图块名、插入点位置、插入比例系数和图块的旋转角度。用户也可以在插入图块前或在插入图块的同时指定图块的插入点、缩放比例和旋转角度,如图 4 - 12 所示。

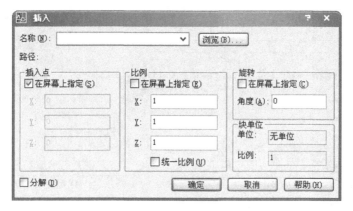

图 4 - 12 "插入块"对话框

4.6.3 创建块属性

块属性是图块的附加信息,用于显示图块的标记、提示和值,如图 4 - 13 所示。

图块的属性具有以下特点:

(1)块属性由标记名和属性值两部分组成。

(2)创建块之前应先定义块的属性,即定义块的标记、提示和值,以及属性的模式等。

(3)创建了块属性以后,将要创建成的块图形对象与块的属性一起定义为块。

(4)具有属性的块在插入到图形中时,可以有不同的属性值。

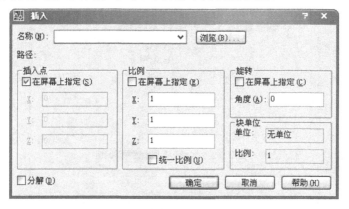

图 4 - 13 "创建块—属性定义"对话框

4.6.4 编辑块属性

创建块属性后,如果还没有将块属性与其他图形定义为块,则用户可以对图块的标记、提示和值属性进行修改。如图 4 - 14 所示为编辑属性,如图 4 - 15 所示为实例。

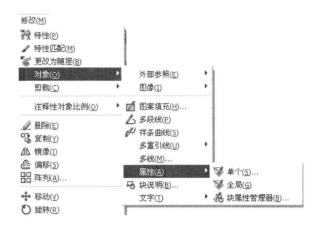

图 4-14   编辑块属性下拉菜单

【例 4-1】带属性的粗糙度符号块的定义与使用。

步骤 1：按 GB 绘制图 4-15 的(a)图。

步骤 2：定义粗糙度的属性，得到图 4-15 的(b)图。

步骤 3：插入块，得到图 4-15 的(c)图。

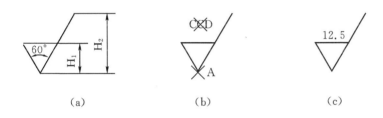

（a）   （b）   （c）

图 4-15   带属性的粗糙度符号块的定义与使用

4.6.5   使用外部参照

外部参照是指在当前图形文件中引用另一幅图形文件作为参照文件。在图形文件中使用外部参照，可以节省存储空间，并随时更新最新的参照内容。使用外部参照是一种资源共享的好方法，如图 4-16 所示。

图 4-16   外部参照选项

 练习题

1.设定当前层的方法有哪些？

2.如何查询图形对象所位于的图层？

3.冻结图层和关闭图层有哪些区别？

4.某同学加载了 CENTER 线型，而在图层特性管理器对话框中轴线图层的线型仍为 Continuous，为什么？

第5章 本标注与表格

教学目标

1.掌握创建文字样式,包括设置样式名、字体、文字效果
2.设置表格样式,创建表格

5.1 创建文字样式

对图形进行文本标注之前,首先要设置标注文字字体,并且指定相应的字形,包括文字的高度、宽度比例、倾斜角、反向、倒置和垂直对齐等特性的文本样式。根据制图的需要设置多个文字样式。如图5-1所示。

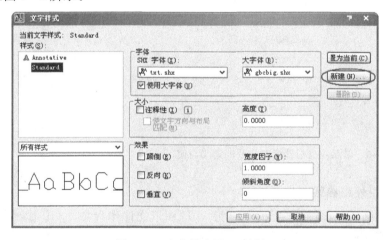

图5-1 文字样式设置对话框

1.字体的选择

字体是由具有固定形状的字母或汉字组成的字库,例如,Roman、宋体、楷体以及黑体等字体。AutoCAD 为用户提供了几十种可供选择的字体,这些字体文件存放在 AutoCAD 2012\Com\Fonts 目录下,用户也可以选择 Windows\Fonts 目录下的"＊.ttf"字体,或者将需要的字体文件安装在 AutoCAD 目录下,以供在设置字形时调用。如图5-2所示。

2.字形的设置

在标注文本之前,需要先给文本字体定义一种样式,字体的样式包括所有的字体大小以及宽度系统等参数。如图5-3所示。

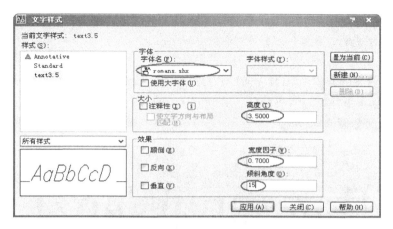

图 5-2 设置"text3.5"文字样式对话框

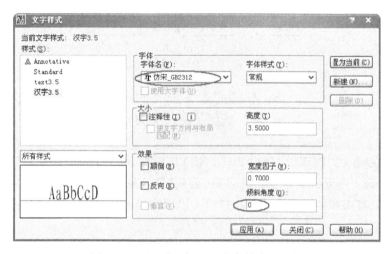

图 5-3 设置"汉字 3.5"文字样式对话框

5.2 创建单行文字（TEXT）

对于大多数图形来说，文本部分是不可缺少的，图纸中的明细表和技术要求等说明部分在图纸信息表达中尤其重要。在 AutoCAD 中，标注文本有两种方法：一种是单行文本；另一种是多行文本。另外，AutoCAD 的文本处理功能，除了能够处理汉字、数字和常用符号外，还提供了对一些特殊字符的支持功能。如图 5-4 所示。

单行文字命令用于为图形标注一行或几行文本，并对这些文本进行旋转、对齐、大小等设置。

命令：TEXT

当前文字样式："Standard"

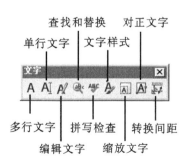

图 5-4 "文字"工具栏

文字高度：2.5000　注释性：否

指定文字的起点或〔对正（J）/样式（S）〕：j

输入选项

〔对齐（A）/调整（F）/中心（C）/中间（M）/右（R）／左上（TL）/中上（TC）/右上（TR）

／左中（ML）/正中（MC）/右中（MR）/左下（BL）/中下（BC）/右下（BR）〕：

各选项的含义如图 5-5 所示。

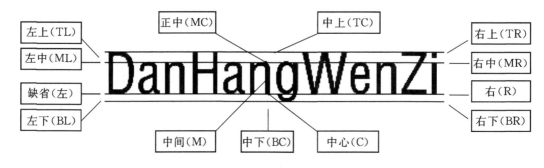

图 5-5　单行文字的对齐方式

5.3　编辑单行文字

编辑单行文字使用"DDEDIT"和"PROPERTIES"修改单行文字。如果只需要修改文字的内容而无需修改文字对象的格式或特性，则使用"DDEDIT"。如果要修改内容、文字样式、位置、方向、大小、对正和其他特性，则使用"PROPERTIES"。

5.4　创建多行文字（MTEXT）

多行文本命令用于输入较长、较为复杂的多行文字。该命令允许指定文本边界框，并在该框内标注任意多行段落文本、表格文本和下划线文本，同时还可以设置多行文字对象中单个文字格式。如图 5-6 所示。

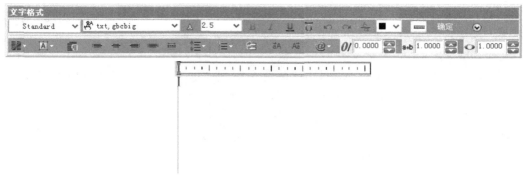

图 5-6　创建多行文字

5.5 编辑多行文字

显示功能区中的多行文字选项卡或在位文字编辑器,可以修改选定多行文字对象的格式或内容。多行文字各工具条的作用如图 5-7 所示。

命令:MTEDIT。

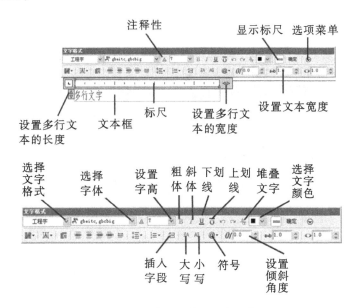

图 5-7　图多行文字工具条的作用

5.6 绘制表格

单击"绘图"工具栏上的"表格"按钮,或选择"绘图—表格"命令,即执行"TABLE"命令,AutoCAD 弹出"插入表格",如图 5-8 所示。

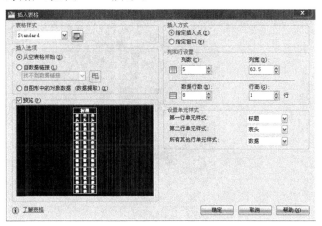

图 5-8　绘制表格对话框

此对话框用于选择表格样式,设置表格的有关参数。其中,"表格样式"选项用于选择所使用的表格样式。"插入选项"选项组用于确定如何为表格填写数据。预览框用于预览表格的样式。"插入方式"选项组设置将表格插入到图形时的插入方式。"列和行设置"选项组则用于设置表格中的行数、列数以及行高和列宽。"设置单元样式"选项组分别设置第一行、第二行和其他行的单元样式。通过"插入表格"对话框确定表格数据后,单击"确定"按钮,然后根据提示确定表格的位置,即可将表格插入到图形,且插入后 AutoCAD 弹出"文字格式"工具栏,并将表格中的第一个单元格醒目显示,此时就可以向表格输入文字,如图 5-9 所示。

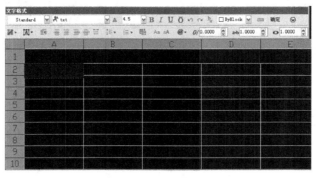

图 5-9 表格输入状态

单击"样式"工具栏上的(表格样式)按钮,或选择"格式—表格样式"命令,即执行"TABL-ESTYLE"命令,AutoCAD 弹出"表格样式"对话框,如右图 5-10 所示。其中,"样式"列表框中列出了满足条件的表格样式;"预览"图片框中显示出表格的预览图像,"置为当前"和"删除"按钮分别用于将在"样式"列表框中选中的表格样式置为当前样式、删除选中的表格样式;"新建""修改"按钮分别用于新建表格样式、修改已有的表格样式。如果单击"表格样式"对话框中的"新建"按钮,AutoCAD 弹出"创建新的表格样式"对话框。通过对话框中的"基础样式"下拉列表选择基础样式,并在"新样式名"文本框中输入新样式的名称后(如输入"表格1"),单击"继续"按钮,AutoCAD 弹出"新建表格样式"对话框,如图 5-11 所示。

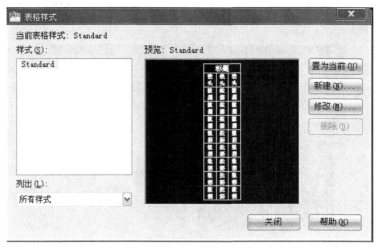

图 5-10 表格样式对话框

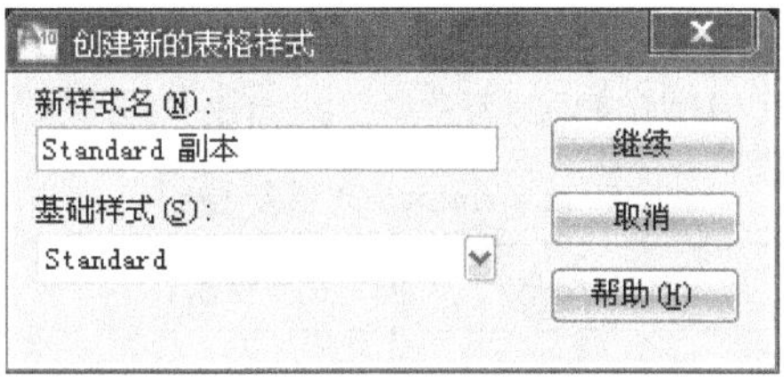

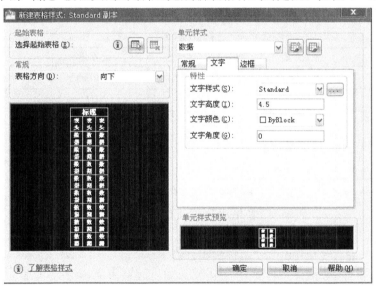

图 5-11   创建表格新样式对话框

对话框中,左侧有起始表格、表格方向下拉列表框和预览图像框三部分。其中,起始表格用于使用户指定一个已有表格作为新建表格样式的起始表格。表格方向列表框用于确定插入表格时的表方向,有"向下"和"向上"两个选择,"向下"表示创建由上而下读取的表,即标题行和列标题行位于表的顶部,"向上"则表示将创建由下而上读取的表,即标题行和列标题行位于表的底部;图像框用于显示新创建表格样式的表格预览图像。

如图 5-12 所示,"新建表格样式"对话框的右侧有"单元样式"选项组等,用户可以通过对应的下拉列表确定要设置的对象 ,即在"数据""标题"和"表头"之间进行选择。选项组中,"常规""文字"和"边框"三个选项卡分别用于设置表格中的基本内容、文字和边框。完成表格样式的设置后,单击"确定"按钮,AutoCAD 返回到 "表格样式"对话框,并将新定义的样式显示在"样式"列表框中。单击该对话框中的"确定"按钮关闭对话框,完成新表格样式的定义。如图 5-12 所示。

图 5-12   表格创建新样式对话框

5.7   特殊字符的输入

在进行各种文本标注时,经常需要输入一些特殊的字符,如表示直径、正负号以及角度等的符号,这些特殊字符不能从键盘上直接输入。AutoCAD 为输入这些字符提供了一些简捷的控制码,通过从键盘上直接输入这些控制码,可以输入特殊字符。

1. 用控制码输入

AutoCAD 提供的控制码均由两个百分号(％％)和一字母组成,常用控制码如表 5-1 所示。

表 5-1 AutoCAD 常用控制码

特殊字符	控制代码
度符号(°)	％％d
公差符号(±)	％％p
直径符号(φ)	％％c
上划线(——)	％％o
下划线(____)	％％u
百分号(％)	％％％
ASCII 码 nnn	％％nnn

2. 特殊 α、β、γ、δ、θ、σ 等的输入

在输入法中的软键盘上点鼠标右键,选择希腊字母,直接用鼠标单击即可。

 练习题

1. 定义文字样式,其要求如题表 5-1 所示。

题表 5-1

设置内容	设置值
样式名	mytextstyle
字体	黑体
字格式	粗体
宽度比例	0.7
字高	3.5

2. 利用多行文字命令 MTEXT 输入如下文字:
某工程钢筋配置说明书

3. 利用相关文字操作命令,练习如下文字输入:

$A_0 = 100$　　45°　　$\phi 100$　　　　1/2(叠加状态)

4. 创建如题表 5-2 所示的标题栏,要求文字为工程标准样式,着色随层。

题表 5-2

某机械器件		材料	
设计		数量	
制图		重量	
审核		比例	
日期		图号	

5. 定义表格样式,并在当前图形中插入如题表 5-3 表格(表格要求:字高 5,数据均居中,

其余参数可根据实际自拟）。

题表 5 - 3

序号	名称	规格	长度(m)	产地
1	钢筋	ϕ12	10.2	西安
2	钢筋	ϕ18	15.6	上海
3	水管	ϕ20	16.3	北京
4	钢筋	ϕ20	10.2	郑州
5	钢管	ϕ22	16.3	北京
合计				

第6章 尺寸标注

教学目标

1. 了解尺寸标注的规则和组成,以及"标注样式管理器"对话框的使用方法
2. 掌握创建尺寸标注的基础以及样式设置的方法

尺寸标注是工程制图中的一项重要内容,它描述了设计对象中各组成部分的大小及相对位置关系,是工程实施的重要依据。AutoCAD 提供了一套完整的、灵活的尺寸标注命令和实用程序。

6.1 尺寸标注的组成

一个完整的尺寸标注主要由尺寸界线、尺寸线、标注文本、尺寸箭头和圆心标记等要素组成,如图 6-1 所示。其中,每个部分都是一个独立的实体,用户可以对它们进行编辑。

(1)尺寸界线:用于指明所要测量标注的长度或角度的起始和结束位置。

(2)尺寸线:用于表示标注的范围。尺寸线的两端带有箭头,指出尺寸线的起点和端点,如图 6-1 所示。对于角度标注,尺寸线是一段圆弧。

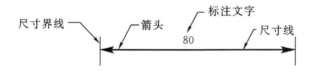

图 6-1 尺寸标注的组成

(3)标注文本:用于表示指定尺寸界线之间的距离和角度,是尺寸标注的核心。用户可以使用由 AutoCAD 自动计算出的实际测量值,也可以自己输入文字。

(4)尺寸箭头:用于表示尺寸线的起始位置以及尺寸线相对于图形实体的位置。Auto-CAD 提供了各种箭头供用户选择,如图 6-2 所示。其中在机械制图中通常采用带箭头的直线进行标注,在建筑图中通常采用斜线进行标注。

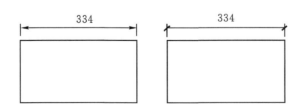

图 6-2 尺寸标注的组成

(5)圆心标记:用于标记圆或圆弧的中心位置,一般用一个短小"＋"字符号表示。

6.2　尺寸标注的类型及标注的步骤

尺寸标注的类型有很多,AutoCAD 提供了如下 11 种标注用以测量设计对象,即线性标注、对齐标注、坐标标注、半径标注、直径标注、角度标注、基线标注、连续标注、引线标注、公差标注、圆心标记。

图 6-3　尺寸标注下拉菜单与工具栏

一般来讲,在 AutoCAD 中进行尺寸标注时,可以按以下步骤进行:
(1)为尺寸标注建立新的文字样式。
(2)为尺寸标注创建一个独立的图层,专门用于放置尺寸标注对象。
(3)创建标注样式。
(4)打开对象捕捉,对图形进行尺寸标注。

注意

由于尺寸标注命令可以自动测量所标注图形的尺寸,所以用户绘图时应尽量准确,这样可以减少修改尺寸文本所花费的时间,从而加快绘图速度。

6.3　创建与设置标注样式

标注样式是标注设置的命名集合,可用来控制标注的外观,如箭头样式、文字位置和尺寸公差等。用户可以创建标注样式,以快速指定标注的格式,并确保标注符合行业或项目标准。
用户创建尺寸标注时,标注的格式和外观是由当前尺寸样式控制的,AutoCAD 默认的尺寸标注样式为"ISO－25"。使用 标注样式管理器 对话框可以创建或修改标注样式。如图6－4所示。

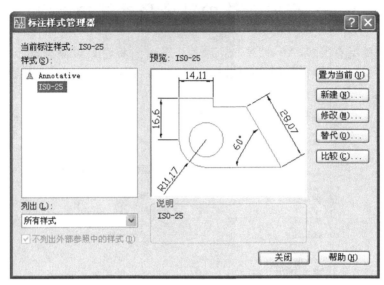

图6－4 "标注样式管理器"对话框

注意

在"样式"选项区中选择样式名称后单击鼠标右键,用弹出的快捷菜单可以设置当前标注样式、重命名标注样式和删除标注样式。

新建一个名称为"精度0"的新样式,如图6－5所示。

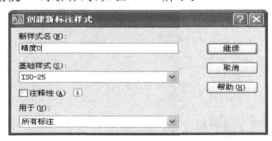

图6－5 "创建新标注样式"对话框

6.4 设置标注的格式

6.4.1 设置直线格式

点击对话框"线"选项卡,进入"线"设置,进行尺寸线、尺寸界线等的线型与线宽等设置,可以参考图层设置的类型。如图6－6所示。

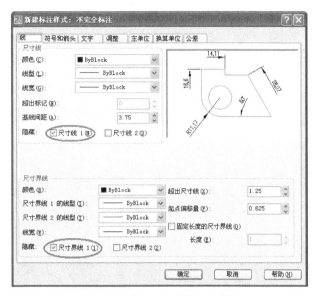

图 6-6　设置不完全线标注样式

6.4.2　设置符号与箭头格式

单击"符号和箭头"对话框,进行箭头的类型、大小、引线的设置,以及圆心标记的设置。如图 6-7 所示。

图 6-7　"符号和箭头"选项卡对话框

6.4.3　设置文字格式

新建一个"直径半径文字水平书写"标注样式,进行修改样式、颜色、高度、比例、文字位置以及对齐方式的相关设置,如图 6-8 所示。

图 6-8　修改"文字对齐"方式为 ISO 标准

6.4.4　设置调整格式

调整格式主要通过"调整"选项进行文字位置、优化以及标注特征比例的设置,特别注意在绘图中全局比例可以设置为与出图比例尺一样的单位。如图 6-9 所示。

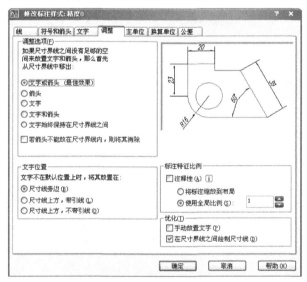

图 6-9　"调整"选项卡对话框

6.5　尺寸标注命令

6.5.1　线性标注

可以创建尺寸线水平、垂直和对齐的线性标注。这些线性标注也可以堆叠或首尾相接地创建。

线性标注可以水平、垂直或对齐放置。使用对齐标注时,尺寸线将平行于两尺寸延伸线原点之间的直线(想象或实际)。基线(或平行)和连续(或链)标注是一系列基于线性标注的连续标注。图 6-10 中列出了几种示例。

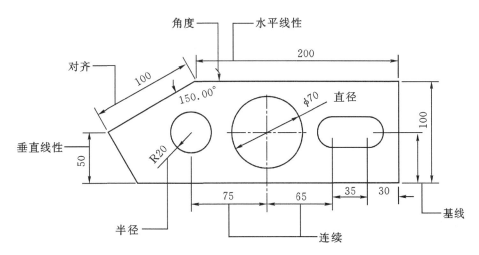

图 6-10　线性尺寸标注示例

创建线性标注时,可以修改文字内容、文字角度或尺寸线的角度。

1. 创建水平和垂直标注

可以仅使用指定的位置或对象的水平或垂直部分来创建标注,如图 6-11 所示。

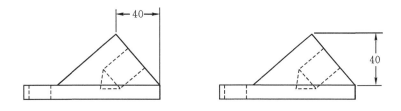

图 6-11　水平标注与垂直标注

2. 创建对齐标注

可以创建与指定位置或对象平行的标注,如图 6-12 所示。

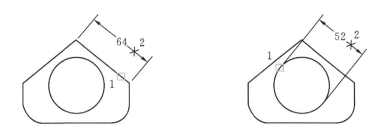

图 6-12　对齐标注

3.创建基线标注和连续标注

基线标注是自同一基线处测量的多个标注,如图 6-13(a)所示。连续标注是首尾相连的多个标注,如图 6-13(b)所示。

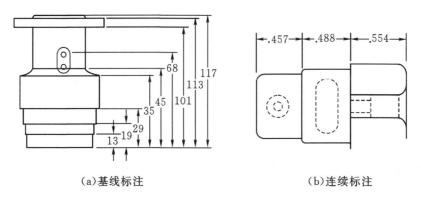

(a)基线标注　　　　　　　　　(b)连续标注

图 6-13　基线标注与连续标注

在创建基线或连续标注之前,必须创建线性、对齐或角度标注。可以在自当前任务最近创建的标注中以增量方式创建基线标注。基线标注和连续标注都是从上一个尺寸延伸线处测量的,除非指定另一点作为原点。

4.创建转角标注

在转角标注中,尺寸线与尺寸延伸线原点成一定的角度。图 6-14 为转角标注的样例,在此样例中,标注旋转的指定角度等于此槽的角度。

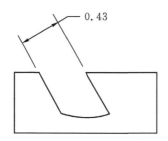

图 6-14　转角标注

6.5.2　创建半径标注

半径标注使用可选的中心线或中心标记测量圆弧和圆的半径和直径。

1.半径标注

(1)DIMRADIUS 用于测量圆弧或圆的半径,并显示前面带有字母 R 的标注文字。如图 6-15(a)所示。

(2)DIMDIAMETER 用于测量圆弧或圆的半径,并显示前面带有直径符号的标注文字。如图 6-15(b)所示。

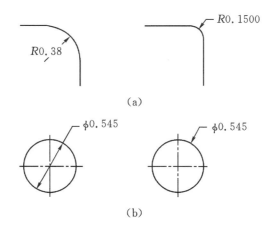

图 6 - 15　半径标注

2.创建折弯半径标注

圆弧或圆的中心位于布局之外并且无法在其实际位置显示时,使用"DIMJOGGED"命令可以创建折弯半径标注,也称为"缩放的半径标注"。如图 6 - 16 所示,可以在更合适的位置指定标注的原点(这称为中心位置替代)。

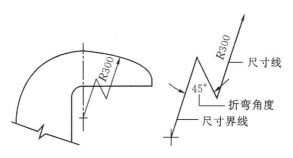

图 6 - 16　折弯标注

6.5.3　创建角度标注

角度标注用于测量两条直线或三个点之间的角度,如图 6 - 17 所示。要测量圆的两条半径之间的角度,可以先选择此圆,然后指定角度端点。对于其他对象,需要先选择对象然后指定标注位置,还可以通过指定角度顶点和端点标注角度。创建标注时,可以在指定尺寸线位置之前修改文字内容和对齐方式。

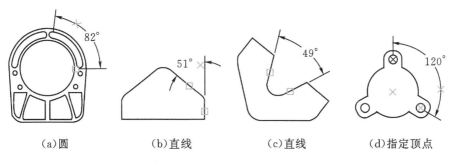

(a)圆　　　　　(b)直线　　　　　(c)直线　　　　　(d)指定顶点

图 6 - 17　角度标注

6.5.4 创建圆弧长度标注

弧长标注用于测量圆弧或多段线弧线段上的距离。

弧长标注的典型用法包括测量围绕凸轮的距离或表示电缆的长度。为区别它们是线性标注还是角度标注,默认情况下,弧长标注将显示为一个圆弧符号,如图 6-18 所示。

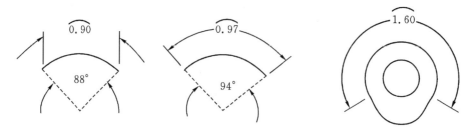

图 6-18 圆弧长度标注

弧长标注的尺寸延伸线可以正交或径向。

Z 注意

仅当圆弧的包含角度小于 90 度时才显示正交尺寸延伸线。

6.5.5 多重引线标注

"多重引线"工具栏如图 6-19 所示。

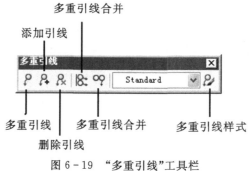

图 6-19 "多重引线"工具栏

1. 引线对象概述

引线对象是一条线或样条曲线,其一端带有箭头,另一端带有多行文字对象或块。在某些情况下,有一条短水平线(又称为基线)将文字或块和特征控制框连接到引线上,如图 6-20 所示。

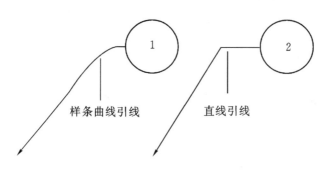

图 6-20 引线对象的样式

基线和引线与多行文字对象或块关联,因此当重定位基线时,内容和引线将随其移动。

当打开关联标注,并使用对象捕捉确定引线箭头的位置时,引线则与附着箭头的对象相关联。如果重定位该对象,箭头也重定位,并且基线相应拉伸。

2. 创建和修改引线

引线对象通常包含箭头、可选的水平基线、引线或曲线和多行文字对象或块。

多重引线对象或多重引线可先创建箭头,也可先创建尾部或内容。多重引线对象可包含多条引线,因此一个注解可以指向图形中的多个对象,如图 6-21 所示。使用"MLEADEREDIT"命令,可以向已建立的多重引线对象添加引线,或从已建立的多重引线对象中删除引线。

通过夹点命令可修改多重引线的外观。使用夹点可以拉长或缩短基线、引线或移动整个引线对象。

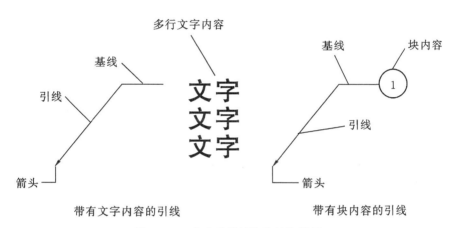

图 6-21 多重引线标注的标注样例

3. 排列引线

排列多重引线可将次序和一致性添加到图形。

可以收集内容为块的多重引线对象并将其附着到一个基线。使用"MLEADERCOLLECT"命令,可以根据图形的需要,在水平、垂直或在指定区域内收集多重引线。如图 6-22 所示。

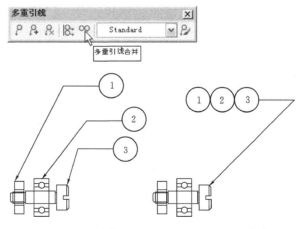

图 6-22 引线排列示例

多重引线对象可以沿指定的直线均匀排序。使用"MLEADERALIGN"命令,可按指定对选定的多重引线进行对齐和均匀排序。

6.5.6　文字堆叠

可以在位文字编辑器(或其他文字编辑器)中或使用命令行上的提示创建一个或多个多行文字段落。

1.启用自动堆叠

自动堆叠功能是在"^""/"或"♯"等符号前后的数字字符产生不同堆叠的效果。例如,如果在非数字字符或空格之后输入"1♯3",则输入的文字自动堆叠为斜分数。

2.删除前导空格

该命令是删除整数和分数之间的空格。此选项仅在自动堆叠打开时可用。

3.转换为斜分数形式

该命令是当启用自动堆叠时,把斜杠字符转换成斜分数。

4.转换为水平分数形式

该命令是当启用自动堆叠时,把字符"/"转换成水平分数。

 注意

无论启用还是关闭自动堆叠,字符"♯"始终被转换为斜分数,"^"始终被转换为公差格式。如图 6 - 23 为堆叠效果。

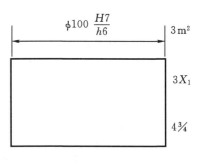

图 6 - 23　堆叠效果

 练习题

1.题图 6 - 1 轮廓线宽度为 0.5,试用基线标注和连续标注。

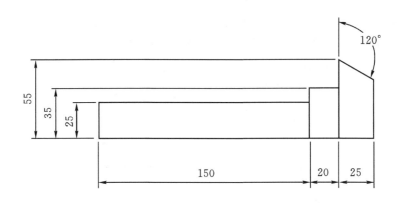

题图 6 - 1

2. 在模型空间按图示尺寸绘制题图 6 - 2,轮廓线线宽 0.5,使用用多种方式标注圆的直径,完成标注,图形对象和尺寸标注放置在不同的图层中。其中 φ60、φ40 是练习引线标注方法(说明:对于大尺寸通常不使用这种标注方式,该方式常用于小尺寸或注释文本的标注)。

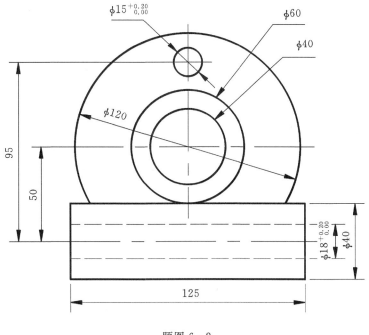

题图 6 - 2

3. 在模型空间按图示尺寸绘制题图 6 - 3,轮廓线线宽 0.2,完成画图后,标注尺寸,图形对象和尺寸标注分别放在不同的图层中。

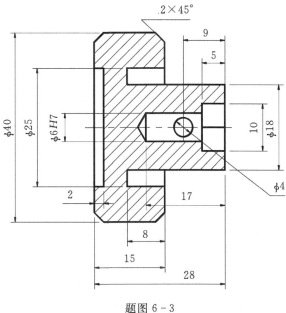

题图 6 - 3

第7章 建筑制图标准

教学目标

1. 了解建筑制图的图纸大小、线条宽度,以及行业规范等
2. 掌握常用图案和所代表的材质

7.1 房屋建筑制图标准

常用的图纸幅面如表7-1所示。

表7-1 图框尺寸(mm)

尺寸代号 \ 幅面代号	A0	A1	A2	A3	A4
$b×l$	841×1189	594×841	420×594	297×420	210×297
c		10		5	
a		25			

需要微缩复制的图纸,其一个边上应附有一段准确米制尺度,四个边上均应附有对中标志,米制尺度的总长应为100mm,分格应为10mm。对中标志应画在图纸各边长的中点处,线宽应为0.35mm,伸入框内应为5mm。图纸的短边一般不应加长,长边可加长,但应符合表7-2的规定。

表7-2 图纸长边加长尺寸(mm)

幅面尺寸	长边尺寸	长边加长后尺寸
A0	1189	1486 1635 1783 1932 2080 2230 2378
A1	841	1051 1261 1471 1682 1992 2102
A2	594	743 891 1041 1199 1338 1486 1635 1783 1932 2080
A3	420	630 841 1051 1261 1471 1682 1892

注:有特殊需要的图纸,可采用$b×l$为841mm×891mm与1189mm×1261nm的幅面

图纸以短边作为垂直边称为横式,以短边作为水平边称为立式。一般A0～A3图纸宜横式使用,必要时,也可立式使用。一个工程设计中,每个专业所使用的图纸,一般不宜多于两种幅面(不含目录及表格所采用的A4幅面)。

7.2　标题栏与会签栏

　　图纸的标题栏、会签栏及装订边的位置,应符合图 7-1 所示的规定,横式使用的图纸应按图 7-1 的形式布置。

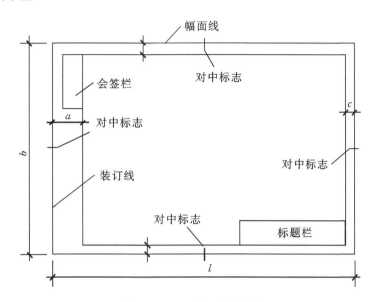

图 7-1　A0~A3 横式幅面

立式使用的图纸,应按图 7-2 的形式布置。

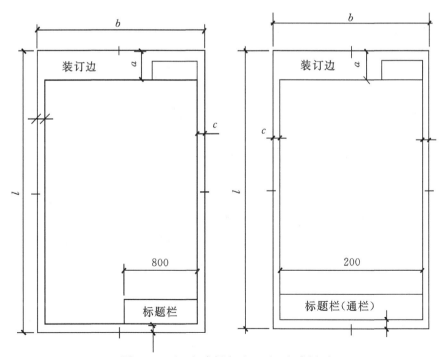

图 7-2　A4 立式幅和 A0~A3 立式幅面

用户可根据工程需要选择确定其尺寸、格式及分区。签字区应包含实名列和签名列。涉外工程的标题栏内,各项主要内容的中文下方应附有译文,设计单位的上方或左方,应加"中华人民共和国"字样。如图 7-3 所示。

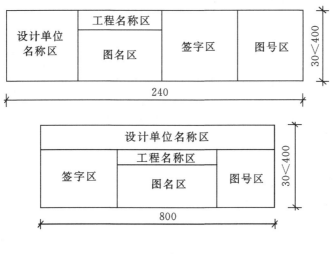

图 7-3 标题栏

7.3 设置图案填充

用户经常要重复绘制某些图案以填充图形中的一个区域,从而表现该区域的特征,这样的填充操作在 AutoCAD 中称为图案填充。图案填充是一种使用指定线条图案来充满指定区域的图形对象,常常用于表现剖切面和不同类型物体对象的外观纹理等,被广泛应用在绘制机械图、建筑图、地质构造图等各类图形中。例如,在机械工程图中,图案填充用于表现一个剖切的区域,有时使用不同的图案填充来表现不同的零部件或者材料。

(1)图案边界。当进行图案填充时,首先要确定填充图案的边界。定义边界的对象只能是直线、双向射线、单向射线、多段线、样条曲线、圆、圆弧、椭圆、椭圆弧、面域等对象或用这些对象定义的块,而且作为边界的对象在当前屏幕上必须全部可见。

(2)孤岛。在进行图案填充时,把内部闭合边界称为孤岛。在用"BHATCH"命令填充时,AutoCAD 允许用户以拾取点的方式确定填充边界,即在希望填充的区域内任意拾取一点,AutoCAD 会自动确定出填充边界,同时也确定该边界内的孤岛。如果用户是以选择对象的方式确定填充边界的,则必须确切地拾取这些孤岛。

①图案填充。图案填充命令用于在指定的填充边界内填充一定样式的图案。如图 7-4 所示。

 注意

填充图案的比例设定很关键,如果比例过大或过小,都不能达到填充效果,因此用户可以调整比例,使其达到最佳效果。用"用户定义"绘制剖面线,角度及间距都容易控制。

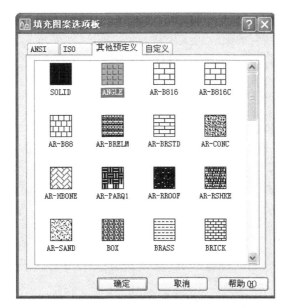

图 7-4　填充图案选项板

　　图案填充原点,默认情况下,填充图案始终相互"对齐"。但是,有时用户可能需要移动图案填充的起点(称为原点)。例如,如果创建砖形图案,可能希望在填充区域的左下角以完整的砖块开始。在这种情况下,请使用"图案填充和渐变色"对话框中的"图案填充原点"选项。如图 7-5 所示。

　　填充图案的位置和行为取决于 HPORIGIN、HPORIGINMODE 和 HPINHERIT 系统变量,以及用户坐标系的位置和方向。

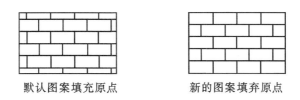

默认图案填充原点　　　　　　　新的图案填弃原点

图 7-5　图案填充原点控制

　　"图案填充编辑"对话框如图 7-6 所示。

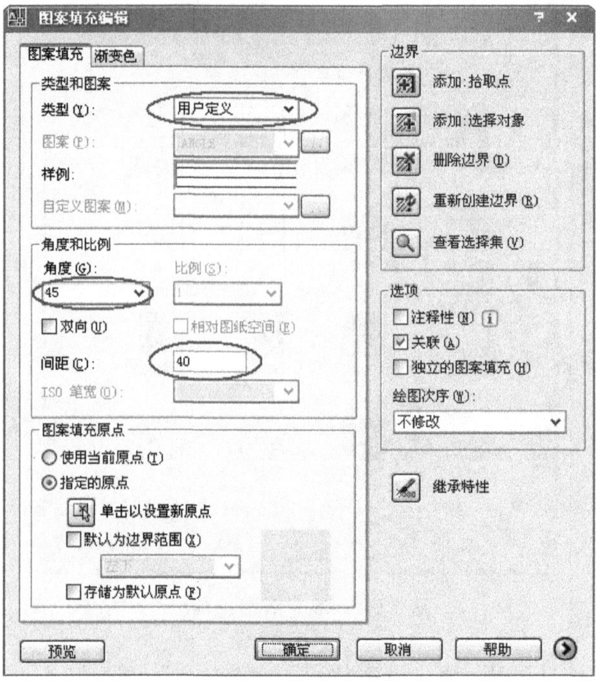

图 7-6 "图案填充编辑"对话框

在 AutoCAD 中,用户可以使用"图案填充和渐变色"对话框的"渐变色"选项卡创建一种或两种颜色形成的渐变色,并对图形进行填充。

命令条目:GRADIENT

渐变填充是在一种颜色的不同灰度之间或两种颜色之间创建过渡。如图 7-7 所示。

Z 注意

在 AutoCAD 2010 中,尽管可以使用渐变色来填充图形,但该渐变色最多只能由两种颜色创建。

图 7-7 渐变色填充

7.4 编辑图案填充

图案填充的可见性是可以控制的。可以用两种方法来控制图案填充的可见性,一种是用命令"FILL"或系统变量"FILLMODE"来实现,另一种是利用图层来实现。

1. 使用"FILL"命令和"FILLMODE"变量

执行方式

命令行:FILL

如果将模式设置为"开",则可以显示图案填充;如果将模式设置为"关",则不显示图案填充。

用户也可以使用系统变量"FILLMODE"控制图案填充的可见性。

执行方式

命令行:FILLMODE

其中,当系统变量"FILLMODE"为 0 时,则隐藏图案填充;当系统变量"FILLMODE"为 1 时,则显示图案填充。

 注意

在使用"FILL"命令设置填充模式后,可以选择菜单"视图—重生成"命令,重新生成图形以观察效果。

2. 用图层控制

对于能够熟练使用 AutoCAD 的用户来说,应该充分利用图层功能,将图案填充单独放在一个图层上。当不需要显示该图案填充时,将图案所在层关闭或者冻结即可。使用图层控制图案填充的可见性时,不同的控制方式会使图案填充与其边界的关联关系发生变化,其特点如下:

(1)当图案填充所在的图层被关闭后,图案与其边界仍保持着关联关系。即修改边界后,填充图案会根据新的边界自动调整位置。

(2)当图案填充所在的图层被冻结后,图案与其边界脱离关联关系。即边界修改后,填充图案不会根据新的边界自动调整位置。

(3)当图案填充所在的图层被锁定后,图案与其边界脱离关联关系。即边界修改后,填充图案不会根据新的边界自动调整位置。

 练习题

1. 熟记附表 3 常用材料图例中的内容,并选择 5 个用填充的方法进行绘制。

2. 自选附表 6 建筑图例中的几个实例,并将其绘制出来。

第8章　图形的输出

教学目标

1. 掌握页面设置、模型、布局打印的设置
2. 熟悉打印样表的设置
3. 掌握虚拟打印的方法
4. 了解网络发布的方法

8.1　概述

图形绘制完成后,就可以进行图形打印或网上发布。AutoCAD 打印分为模型空间打印和图纸空间打印。AutoCAD 中绘制好的图形文档通过打印机打印出来,或者把它们虚拟打印,再通过其他程序浏览图形,同时 AutoCAD 还提供了图形输入与输出接口,实现与其他软件共享数据。打印或发布的图形需要指定许多定义图形输出的设置和选项。首先可以从文件菜单中执行打印,也可以通过标准工具栏或者快速访问工具栏打印图标🖨,还可以通过命令行输入"PLOT"(快捷键为 Ctrl+P)打开打印对话框,或者通过"文件—页面设置管理器"选择"修改"引出"打印—模型"对话框,如图 8-1 所示。下面从打印设备的设置、页面设置、打印样表、模型空间与布局空间打印设置、虚拟打印与网络发布介绍打印的相关内容。

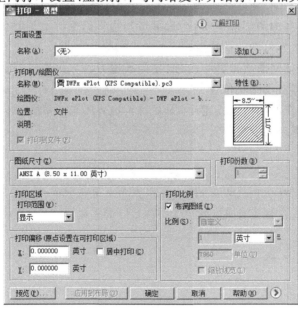

图 8-1　打印模型对话框

8.2 打印设备及页面的设置

8.2.1 打印设备的设置

在打印对话框中选择"打印机—绘图仪",点击"名称"后面黑色三角,选择打印机。如果有打印机,选择对应的打印机型号即可,如图8-2所示。

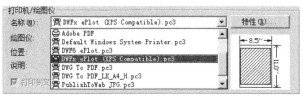

图 8-2 打印机的选择

8.2.2 页面设置

每次执行打印命令,打印对话框都预先还原为默认值,为了方便打印可以通过命名的页面设置应用到图纸空间布局中,也可以从其他图形中输入命名页面设置并将其应用到当前图形的布局中。打印时选择对应的打印名称即可按照先前的设置进行打印,不必每次重新设置。

当打印对话框设置完成后,可以通过"添加页面设置"选项给自己的打印样式自定义名称,如图8-3所示。

图 8-3 自定义页面设置

8.3 打印样表

通过打印对话框的右下角图标 ⊗ 可以打开对话框的更多选项,如图8-4所示。

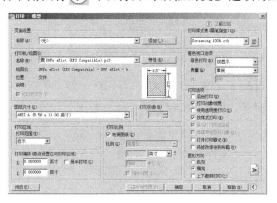

图 8-4 展开的打印对话框

使用"打印样式表"选项,可赋予打印更大的灵活性,用户可以设定打印样式来替代其他对象特性,也就是说打印效果颜色可以与绘图颜色不同。打开管理按钮 ,可以展开"打印样式表编辑器"对话框,切换至"表格视图"模式,如图 8-5 所示。

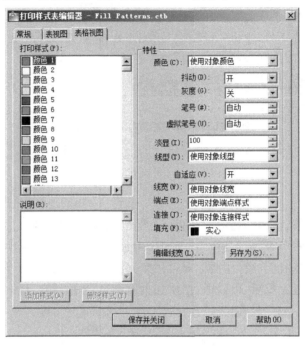

图 8-5 "打印样式表"编辑器

通过"特性"各选项的设置,可以将绘图显示效果与打印实际效果不同。通常用户设置内容为:颜色、线宽、填充内容。比如"monochrome.ctb"样式表将所有的颜色打印成黑色。

如果"打印样式表编辑器"各选项不能满足自己打印需要,可以通过工具菜单栏"工具—向导—添加打印样式表"自定义样式名(以"test"为例)后完成新的"打印样式表",如图 8-6 所示。

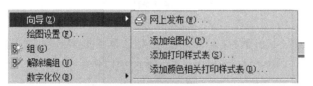

图 8-6 自定义打印样式表

将"test.ctb"打印样式表的特性进行如下修改:绿色指定为黑色,线宽修改为 1mm,如图 8-7 所示。绘图效果和打印效果如图 8-7、图 8-8 所示。

图 8-7　修改打印样表特性

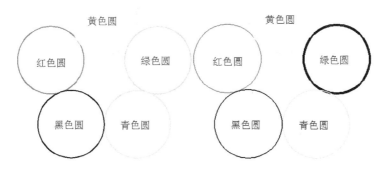

图 8-8　绘图显示与打印结果对比

AutoCAD 的 PlotStyles 文件夹（也称为打印样式管理器）中安装了多个颜色相关打印样式表，见表 8-1。

表 8-1　颜色相关打印样式表

颜色相关打印样式表名称	说明
acad. ctb	默认打印样式表
fillPatterns. ctb	设定前 9 种颜色使用前 9 个填充图案，所有其他颜色使用对象的填充图案
grayscale. ctb	打印时将所有颜色转换为灰度
monochrome. ctb	将所有颜色打印为黑色

续表 8 - 1

颜色相关打印样式表名称	说明
screening100％.ctb	对所有颜色使用 100％墨水
screening75％.ctb	对所有颜色使用 75％墨水
screening50％.ctb	对所有颜色使用 50％墨水
screening25％.ctb	对所有颜色使用 25％墨水

8.4　模型空间和布局空间打印设置

模型空间和布局空间(图纸空间)是 AutoCAD 中两个具有不同作用的工作空间:模型空间主要用于图形的绘制、建模、快速打印,图纸空间(布局)主要用于在打印输出图纸时对图形进行排列和编辑。

模型空间是一个三维空间,设计者一般在模型空间中完成其主要的设计构思。

图纸空间用于将几何模型体现到工程图,专门用于出图。图纸空间又称为"布局",是一种图纸空间环境,它模拟图纸页面,提供直观的打印设置。每个布局视口包含一个视图,该视图可以根据用户指定的比例和方向显示模型。用户也可以指定在每个布局视口中可见的图层。

根据打印任务不同,用户可选择模型打印或布局打印。

8.4.1　模型空间打印

页面设置、打印样式设置如图 8-9 所示。

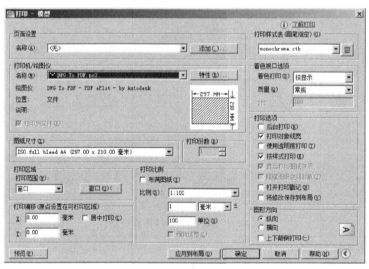

图 8-9　模型空间打印设置

设置步骤如下:

(1)选择合适的图纸尺寸,此处选择 ISOfullbleedA4(297.00 毫米×210.00 毫米)。

(2)打印比例,选择 1:100(布满图纸前面"√"去掉)。

(3)打印偏移:X:0.00 毫米;Y:0.00 毫米。

(4)打印样式表:选择"nomochrome.ctb",此样式将所有颜色打印为黑色。

(5)图形方向:选择"纵向"。

(6)"打印机/绘图仪":选择 DWGToPDF.pc3"(打印成 pdf 格式文档)。

(7)点击"打印机/绘图仪"的"特性",打开"绘图仪编辑配置器"的"设备和文档设置",在"用户定义图纸尺寸与校准"中单击"修改标准图纸尺寸(可打印区域)",选择"ISOfullbleedA4"(297.00毫米×210.00毫米),点击"修改",出现"自定义图纸尺寸－可打印区域",如图8-10所示,"上、下、左、右"的四个数值修改为0,使可打印区域最大,点击"下一步"直至"完成",点击确定关闭"绘图仪编辑配置器",图纸可打印区域设置完成。

图8-10　图纸的选择及图纸边界定义

(8)打印区域:打印范围选择"窗口"后,选项框后出现"窗口"按钮,鼠标左键点击后,"打印－模型"对话框消失,命令行出现"指定第一个角点",选择事先绘制好的并按照比例放大的图纸角点后,再指定对角点,选择完毕后"打印－模型"出现。

(9)点击"打印－模型"对话框"确定"按钮,打印出 pdf 文档;也可以在之前点击"预览"按钮,检查打印图纸是否还存在问题。

在设置"自定义图纸尺寸－可打印区域"比较复杂,也可以使用默认值("上、下、左、右"的默认值都为3mm,按照制图标准 A4 图框距离边界分别为25mm、5mm、5mm、5mm,图框在可打印区域),在"打印偏移"选项中,勾选"居中打印",选择过打印边界后 X、Y 后面可填写内容变成灰色,并且自动生成 X:－3.00、Y:－3.00。打印效果如图8-11所示。

8.4.2　布局空间打印

创建"布局"的方法有多种,可以通过菜单"插入—布局"选择"新建布局""来自样板的布局"或"创建布局向导",也可以通过命令行输入"layout"命令,还可以在"模型"或已有"布局"下单击右键选择新建布局。下面介绍通过"插入—布局"菜单新建布局。

(1)选择"插入—布局—创建布局向导"命令,打开"创建布局"对话框后,在"创建布局—开

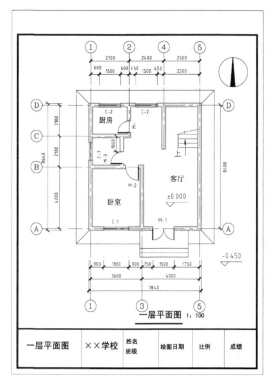 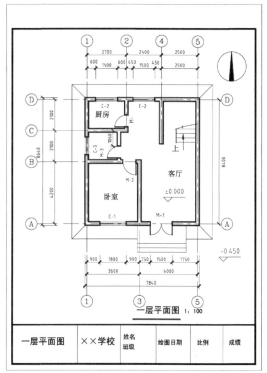

图 8-11　模型空间打印

始"输入新的布局名称,如图 8-12 所示。可以看到,左侧列出的是创建布局的八个步骤,前面标有三角符号的是当前步骤。

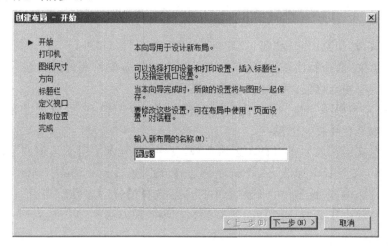

图 8-12　创建新布局

(2)单击"下一步"按钮,显示如图 8-13 所示的"创建布局—打印机"页面。该对话框用于选择打印机,可以从列表中选择一种打印输出设备。此处选择"DWG To PDF. pc3"。

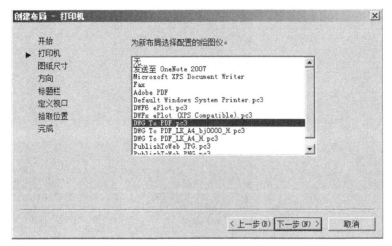

图 8-13　选择打印机

（3）单击"下一步"按钮，显示"创建布局—图纸尺寸"页面，如图 8-14 所示。用户可以在此选择打印图纸的大小并选择所用的单位。在下拉列表中列出了可用的各种格式的图纸，它是由选择的打印设备决定的。用户可以从中选择一种格式，也可以使用绘图仪配置编辑器添加自定义图纸尺寸。"图形单位"选项组用于控制图形单位，可以选择毫米、英寸或像素。此处选择"ISO full bleed A3(420.00 毫米×297.00 毫米)"，如图 8-14 所示。

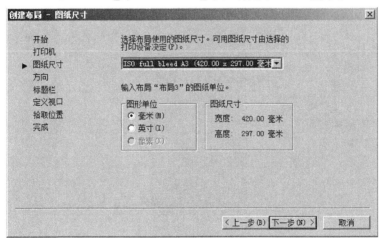

图 8-14　选择图纸

（4）单击"下一步"按钮，显示如图 8-15 所示的"创建布局—方向"页面，在此可以设置图形在图纸上的方向。

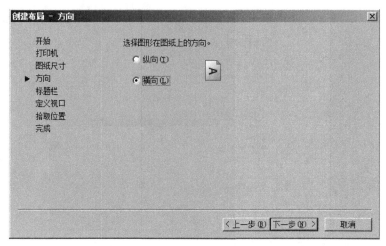

图 8-15 图纸打印方向

（5）单击"下一步"按钮，显示如图 8-16 所示的"创建布局—标题栏"页面，在此可以选择图纸的边框和标题栏的样式，在对话框右侧的"预览"框中可以显示所选样式的预览图像。在对话框下部的"类型"选项组中，用户还可以指定所选择的标题栏图形文件是作为块还是作为外部参照插入到当前图形中。AutoCAD 提供的图框不符合自己要求时，可以选择"无"，在布局中自己绘制图框。

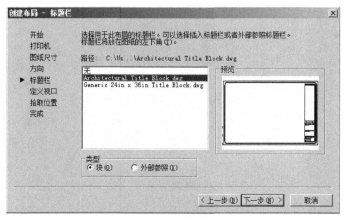

图 8-16 选择标题栏

（6）单击"下一步"按钮，显示如图 8-17 所示的"创建布局—定义视口"页面，在此可以指定新创建的布局默认视口设置和比例等。在"视口设置"选项组中选择"单个"项，通过"视口比例"选择合适的缩放比例。

（7）单击"下一步"按钮，显示"创建布局—拾取位置"页面，在此可以指定视口的大小和位置。单击"选择位置"按钮，将会暂时关闭该对话框，切换到图形窗口，指定视口的大小和位置后返回该对话框。通过命令行指定"视口区域"为"$(0,0)$、$(420,297)$"，即视口铺满图纸。

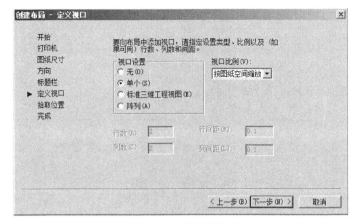

图 8-17　定义视口

(8)单击"下一步"按钮,显示"创建布局—完成"页面,如图 8-18 所示。

图 8-18　完成布局的创建

　　布局新建完成后,切换到新建布局,通过标准工具栏或者快速访问工具栏打印图标🖨,或通过命令行输入"PLOT"(快捷键为 Ctrl+P)打开打印对话框布局 3 的页面设置对话框,如图 8-19 所示。

　　在创建布局向导中已设置的"打印机/绘图仪"和"图纸尺寸"等选项内容已经是默认值,不用重新设置。

图 8-19　设置的布局 3 的打印选项

　　布局空间打印的优势是三维打印的多视口。例如在模型空间中绘制三维空间体,利用布局空间选项可通过四个"视口"将 H 面、V 面、W 面及轴测图打印出来,如图 8-20 所示。

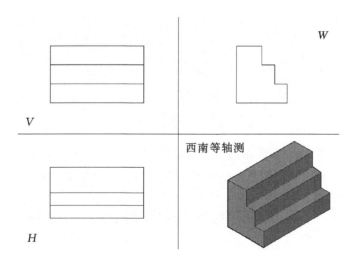

图 8-20　多视口打印

　　模型空间打印对于建筑图的多重比例出图具有优势。因此,模型空间打印与布局空间打印针对不同的打印任务各有优势。不能简单地认为哪种打印方式更好,应该根据自己打印任务的特点,选择合适的打印方法。

8.5　虚拟打印与网络发布

　　用户可以使用多种格式（包括 DWF、DWFx、DXF、PDF 和 Windows 图元文件）输出或打印图形。

　　通过图纸集管理器，用户可以将整个图纸集轻松地发布为图纸图形集，也可以发布为 DWF、DWFx 或 PDF 文件。

　　发布提供了一种简单的方法来创建图纸图形集或电子图形集。电子图形集是打印的图形集的数字形式。通过图纸集管理器可以发布整个图纸集。

　　从图纸集管理器打开"发布"对话框时，"发布"对话框将会自动列出在图纸集中选择的图纸。

　　用户可以通过将图纸集发布至每个图纸页面设置中指定的绘图仪来创建图纸图形集，还可以通过 Auto desk Design Review 查看和打印已发布的 DWF 或 DWFx 电子图形集。在 AutoCAD 中，用户还可以创建和发布三维模型的 DWF 或 DWFx 文件，并使用 Auto desk Design Review 查看这些文件。同时，还可以为特定用户自定义图形集合，并且可以随着工程的进展添加和删除图纸。

 练习题

　　1. 打开"C：\ Program Files \ Autodesk \ AutoCAD 2012 − Simplified Chinese \ Sample \ Sheet Sets\Architectural\ A − 05"图形，分别练习模型空间打印和布局空间打印。

　　2. 试比较模型空间打印与布局空间打印的不同。

　　3. 简述多重比例出图分别在模型打印和布局打印中如何实现。

Ⅳ 建筑专业实战篇

第9章 建筑施工图的绘制

教学目标

1. 掌握房屋施工图的图示方法、图示内容和绘制房屋施工图的方法与技巧
2. 掌握建筑构配件的作图方法和技巧，以及各种建筑图块的创建与插入方法
3. 熟悉建筑设计规范及制图标准，掌握房屋施工图尺寸样式的设置与标注

9.1 概　述

　　房屋施工图是直接用来为施工服务的图样，主要表示建筑物的总体布置、外部造型、内部布置、细部构造、内外装饰以及一些固定设施和施工要求。房屋施工图主要包括建筑施工图、结构施工图和设备施工图。

　　建筑施工图主要表示拟建房屋的内外形状和大小，以及各部分的结构、构造、内外装饰、固定设施和施工要求等内容。其基本图样包括建筑总平面图、建筑平面图、建筑立面图、建筑剖视图和各种建筑详图。

　　结构施工图主要表示房屋的各种承重构件（如梁、板、柱、基础、墙等）的布置、形状、大小、材料及构造等内容，以及反映建筑、给水排水、采暖通风、电气照明等专业对结构设计的要求。其基本图样主要包括结构平面布置图（如基础平面布置图、楼层结构平面布置图等）和构件详图（如梁、板、柱、基础结构详图，楼梯结构详图以及其他结构详图）。

　　设备施工图主要表示建筑物室内各种设施的布置及安装，按专业分有建筑给水排水、建筑采暖通风和建筑电气照明等施工图。

　　绘制建筑施工图的顺序，一般是按"平面图—立面图—剖面图—详图"顺序来进行的。

　　在绘制之前应先确定图样的数量，做到既不重复又不遗漏，然后选择合适的绘图比例。

9.2 建筑平面图的画法步骤

9.2.1 绘图顺序

1.建筑平面图

(1)创建图层，绘制图框、标题栏。

(2)画所有定位轴线，然后画出墙、柱轮廓线。

(3)定门窗洞的位置，画细部，如楼梯、台阶、卫生间等。

(4)经检查无误后，擦去多余的图线，按规定线型加深。

(5)标注轴线编号、标高尺寸、内外部尺寸、门窗编号、索引符号以及书写其他文字说明。在底层平面图中，还应画剖切符号以及在图外适当的位置画上指北针图例，以表明方位。

2. 建筑立面图

(1)创建图层,绘制图框、标题栏。

(2)从平面图中引出立面的长度,从剖面图高平齐对应出立面的高度及各部位的相应位置。画出所有定位轴线,然后画出墙、柱轮廓线。

(3)画室外地坪线、屋面线和外墙轮廓线。

(4)绘制门窗等细部。

(5)填充文字。

(6)标注。

3. 建筑剖面图

(1)创建图层,绘制图框、标题栏。

(2)从平面图中引出剖面的长度,画出所有定位轴线,各层楼平面和屋面线、室内外地坪线。

(3)定位门窗、楼梯位置,画细部。如门窗洞、楼梯、梁板、雨篷、檐口、屋面、台阶等。

(4)填充文字。

(5)标注。

4. 建筑详图

以楼梯为例进行绘图说明。

(1)楼梯平面图。

①首先画出楼梯间的开间、进深轴线和墙厚、门窗洞位置。确定平台宽度、楼梯宽度和长度。

②采用两平行线间距任意等分的方法划分踏步宽度。

③画栏杆(或栏板)、上下行箭头等细部,检查无误后加深图线,注写标高、尺寸、剖切符号、图名、比例及文字说明等。

(2)楼梯剖面图的画法步骤。

①画轴线、定室内外地面与楼面线、平台位置及墙身,量取楼梯段的水平长度、竖直高度及起步点的位置。

②用等分两平行线间距离的方法划分踏步的宽度、步数和高度、级数。

③画出楼板和平台板厚,再画楼梯段、门窗、平台梁及栏杆、扶手等细部。

④检查无误后加深图线,在剖切到的轮廓范围内画上材料图例,注写标高和尺寸,最后在图下方写上图名及比例等。

9.2.2　AutoCAD 软件绘制房屋施工图的注意事项

使用 AutoCAD 绘制房屋施工图的作图步骤,大体与手工绘制的步骤相同。为了充分利用计算机快速、高效、准确,便于检查与修改等特点,运用 AutoCAD 软件绘制房屋施工图时,应注意以下几点。

(1)作图环境。在 AutoCAD 中绘制图样时,应规划图形的绘图环境,也就是设置绘图单位、文字样式、图形界限、合理规划图层,以及线型和线型比例等。房屋施工图一般都由定位轴线、各类建筑构件的布置图、尺寸标注和文字注释等几种元素组成,为方便检查与修改,必须对各类元素规划其图层,并设置图层的颜色、线型等;为了方便作图,运用 AutoCAD 绘制房屋施工图时,通常以毫米为单位,而绘图比例通常在打印输出时进行设置。因此,对与绘图比例无关的图形符号（如定位轴线、标高、详图索引符号等）、注释文字等元素的绘制时，应按输出比例的倒数放大；为了方便观察图形，图形界限的大小应与所绘图样的范围大小相当，由于图形界限的改变会影响各类线型的显示效果，须通过设置线型比例来调整各类线型的显示效果，通常按图形界限放大或缩小的倍数进行设置。

（2）精确作图。如需提高 AutoCAD 绘图效率，应充分利用各种精确定位工具，如定位端点、中点、圆心、交点等透明命令，以及追踪捕捉功能，可以很容易实现精确作图，提高绘图质量，同时也可以提高尺寸标注的效率。

（3）绘图效率。运用 AutoCAD 软件绘制施工图时，应注意施工图样的特点，合理使用各类命令，可提高生成施工图样的效率。如绘制建筑平面图时，可先绘制标准层平面图，而其他楼层的平面图则利用"COPY"命令复制后只作简单修改即可；同类建筑构件可利用 BLOCK 图块功能进行插入绘制；规则排列的图形，可利用"ARRAY"命令阵列复制生成。

9.3　建筑平面图的绘制

建筑平面图是用一个假想水平剖切面，在窗台上方略高一点处所作的水平剖视图，简称平面图。用 AutoCAD 软件绘制建筑平面图的作图步骤与手工绘图步骤大体相同，绘制前应仔细阅读所绘制建筑的图纸内容，了解平面图的平面形状及大小、墙体厚度、房间的平面布置等特点。

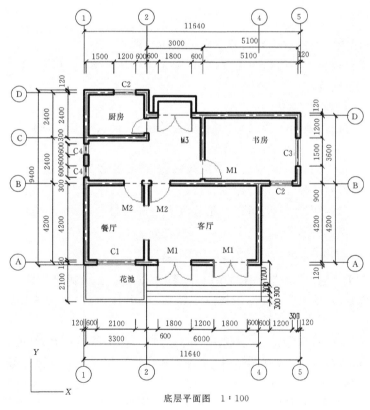

底层平面图　1：100

图 9-1　建筑平面图

对要进行绘制的建筑而言,原则上每一层均应绘制其平面图,若楼房的某些楼层房间布局相同,可绘制其中一层,该层成为标准层平面图。如有标准层平面图,可先绘制标准层平面图,其他楼层平面图可通过将标准层平面图复制后作局部修改即可。如建筑平面图对称时,可利用其对称性,先画出其一半,利用"MIRROR"命令镜像生成另一半;等等。

建筑平面图中的图线应粗细有别,层次分明。规定被剖切到的墙体、柱等断面轮廓线用粗实线(b)绘制,门及窗台用中粗实线(0.5b)绘制,其余可见轮廓线、尺寸、标高符号等用细实线(0.25b)绘制,定位轴线用细点划线绘制。其中 b 值的大小应依据图样复杂程度和绘图比例,按《房屋建筑制图统一标准》(GB/T 50104—2010)中的规定选择适当的线宽组。

由于建筑物体形较大,建筑平面图通常采用 1∶100 比例输出图形。运用 AutoCAD 软件绘制图形时,平面图形部分应采用 1∶1 比例绘制,对与绘图比例无关的图形符号(如标高、定位轴线符号、详图索引符号、尺寸标注、文字说明等)应按输出比例的倒数放大绘制。

下面以绘制如图 9-1 所示的建筑平面图为例,介绍其作图方法及作图步骤。

1. 设置作图环境

用户要在 AutoCAD 中绘制图形,应首先设置图形的绘图环境,如单位、绘图区域、文字样式,以及图形元素的图层和线型等。

(1)设置图形界限。图形界限的大小需依据所绘施工图样的大小而定,一般可依据建筑平面图的外包尺寸,略为放大一些即可。

启动 AutoCAD2014,在命令行分别执行"LIMITS"命令设置模型空间界限。执行"ZOOM"下面文字命令,指定窗口角点。

命令：LIMITS

重新设置模型空间界限：

指定左下角点或 [开(ON)/关(OFF)] <0.0000,0.0000>：

指定右上角点 <420.0000,297.0000>：15000,12000

命令： _ZOOM

指定窗口角点,输入比例因子 (nX 或 nXP),或[全部(A)/中心点(C)/动态(D)/范围(E)/上一个(P)/比例(S)/窗口(W)] <实时>：all

(2)规划图层。图层是用户管理图形最为出色的工具之一,用户可将不同特性的图形对象(如定位轴线、墙身、门、窗、楼梯、尺寸标注等)放置在不同的图层上,并赋予不同的线型和线宽,这样可以方便地通过控制图层的特性来编辑和显示图形对象。选择"常用功能区"中的

▨——"图层特性"按钮,调出"图层特性管理器"对话框,点击 ▨ 按钮,创建一个新的图层,给图层赋予新的名称、颜色、线型、线宽等。在该工程项目的绘图中,规划的图层如图 9-2 所示。

(3)设置线型比例。由于图形界限从缺省的 420×297 扩大到 15000×12000,线型比例也应放大相应的倍数(长度或宽度方向),其缺省值为 1。本次线型比例设置为 30。

在命令行分别执行"LTSCALE"命令,设置新线型的比例因子为 30。

命令：_LTSCALE

输入新线型比例因子 <1.0000>：30

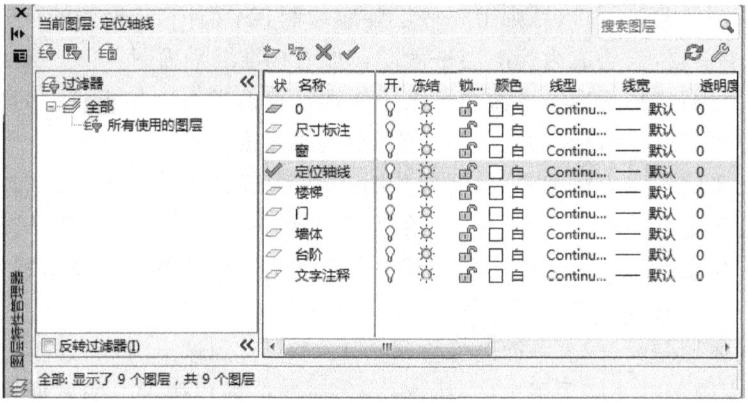

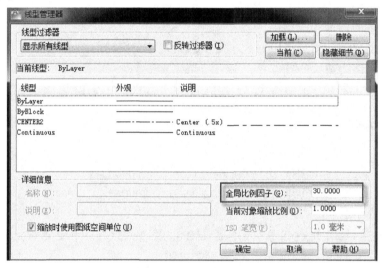

图 9-2　建筑平面图图层设置

也可以在"常用"功能区,选择"特性"组中的"线型"命令,选择"其他"打开"线型管理器",如图 9-3 所示。

图 9-3　线型管理器

(4)设置文字样式。施工图样中的汉字、数字、字母等均采用长仿宋体。选择"注释"功能区的"文字样式"命令,调出"文字样式"对话框,在"字体"栏内,选择"T 仿宋","字高"栏内,设置字高为"0"(应注意的是字体高度必须设为 0,若设置为非 0 数值,系统将只能书写所设高度的字体,无法书写其他高度的字体);在"效果"栏内,设置"宽度比例"为 0.7。如图 9-4 所示。

2. 绘制定位轴线网

定位轴线是绘制墙体、门窗等建筑构件的参考辅助线,所以在绘制建筑墙体之前,首先应绘制建筑墙体的定位轴线网。

(1)绘制 A 号和 1 号定位轴线。置"定位轴线"层为当前层。选择"常用功能区"中的——"图层特性"按钮,调出"图层特性管理器"对话框,如图 9-5 所示。

按平面图的外包尺寸,用直线命令绘制 A 号、1 号定位轴线,如图 9-6 所示。命令操作如下:

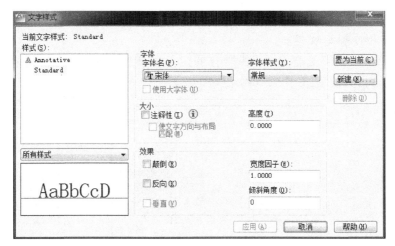

图 9-4　文字样式设置

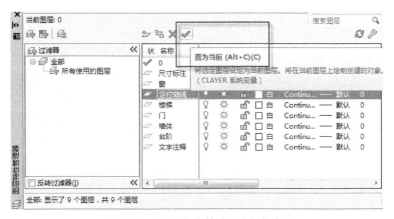

图 9-5　设置"定位轴线"层为当前层

命令：_LINE（绘制 A 号定位轴线）

指定第一点：0,0

指定下一点或［放弃(U)］：　@11640,0

命令：_LINE（绘制 1 号定位轴线）

指定第一点：0,0

指定下一点或［放弃(U)］：　@0,9240

（2）绘制定位轴线网。依据建筑平面图中各房间的布置，以及开间和进深的尺寸，用 "OFFSET" 命令进行偏移，生成其他定位轴线，并用 "TRIM" 命令作部分修剪，结果如图 9-7 所示。命令操作如下：

指定偏移距离或［通过(T)］＜通过＞：4200

选择要偏移的对象或 ＜退出＞：（选择 A 号定位轴线）

指定点以确定偏移所在一侧：（A 号定位轴线上方拾取一点，生成 B 号定位轴线）

命令：_LFFSET

指定偏移距离或［通过(T)］＜4200＞：2400

选择要偏移的对象或 ＜退出＞：（选择 B 号定位轴线）

指定点以确定偏移所在一侧：(B号定位轴线上方拾取一点，生成C号定位轴线)

选择要偏移的对象或＜退出＞：

重复使用"OFFSET"偏移命令，将所有的定位轴线都绘制出来，对有些定位轴线，用"TRIM"命令进行修剪处理，定位轴线网结果图如图9-7所示。

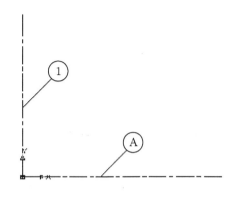

图9-6　绘制定位轴线　　　　　　　　图9-7　绘制定位轴线网

3.绘制墙体

绘制墙体有两种方法：一种是用"OFFSET"命令将定位轴线偏移生成，此种方法效率不高，较为繁琐；另一种方法是用"MLINE"多线命令绘制。使用"MLINE"命令绘制时，应首先设置多线样式，然后用"MLINE"命令绘制墙体。该平面图以240厚度墙体为例设置多线样式。

(1)设置多线样式。在AutoCAD经典模式下，选择下拉式菜单"格式—多线样式"，调出"多线样式"对话框，点击"元素特性…"按钮后，调出"元素特性"对话框，设置"上偏移"为"120"，"下偏移"为"-120"，点击"确定"按钮，返回"多线样式"对话框，并在"名称"栏中输入"240墙"，点击"添加"按钮，再点击"确定"按钮，完成"240墙"墙体样式的设置，如图9-8所示。如有多种厚度的墙体，可用上述方法设置其他厚度墙体的多线样式。

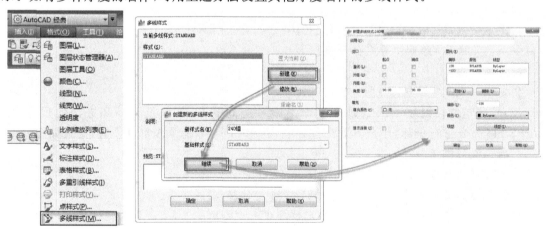

图9-8　多线样式设置

(2)绘制墙体。设置"墙体"层为当前层。点击"对象特性"工具栏中图层控制框，从下拉列表中选择"墙体"图层,如图 9-9 所示。

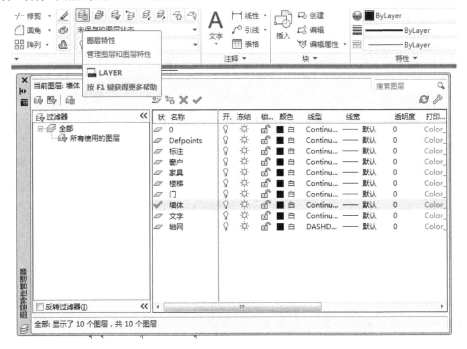

图 9-9　设置"墙体"图层为当前层

使用"MLINE"命令绘制墙体时,应打开"对象捕捉"功能,用精确定位工具捕捉定位轴线上的端点或交点。命令操作如下:

命令：　_MLINE

当前设置：对正 = 上,比例 = 20.00,样式 = 240

指定起点或［对正(J)/比例(S)/样式(ST)］：　S

输入多线比例 ＜20.00＞：　1

当前设置：对正 = 上,比例 = 1.00,样式 = 240

指定起点或［对正(J)/比例(S)/样式(ST)］：　J

输入对正类型［上(T)/无(Z)/下(B)］＜上＞：　Z

当前设置：对正 = 无,比例 = 1.00,样式 = 240

指定起点或［对正(J)/比例(S)/样式(ST)］:（目标捕捉定位轴线端点或交点）

指定下一点：（目标捕捉定位轴线端点或交点）

指定下一点或［放弃(U)］:

用"MLINE"命令作出所有墙体线,如图 9-10 所示。

(3)编辑墙体角点。用"MLINE"命令将所有墙体绘制出来,然后用"MLEDIT"命令对多线进行角点编辑,调出如图 9-11 所示的"多线编辑工具"对话框,可对墙体交接处的连接方式进行各种编辑处理。命令操作如下:

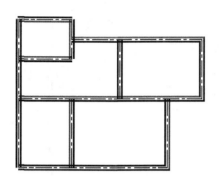

图 9-10 绘制墙体线 图 9-11 "多线编辑工具"对话框

命令:_MLEDIT （选择"多线编辑工具"的"T 形合并"方式）

选择第一条多线:（选择多线 a,如图 9-12 所示）

选择第二条多线:（选择多线 b,如图 9-12 所示）

命令:_MLEDIT （选择"多线编辑工具"的"角点结合"方式）

选择第一条多线:（选择多线 c,如图 9-12 所示）

选择第二条多线:（选择多线 b,如图 9-12 所示）

对平面图中墙体各个交点编辑完后,如图 9-13 所示。

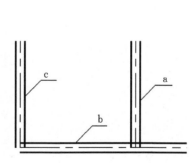

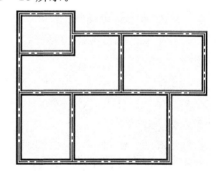

图 9-12 编辑墙体角点 图 9-13 完成墙体

（4）分解多线。由于多线绘制的图形对象不能被其他命令编辑处理,为方便后续编辑,应将多线墙线分解为 LINE 线。调用"EXPLODE"命令,或则点击"常用功能区""修改"命令组中的 按钮,将多线墙线分解为 LINE 线。之后就可以使用直线相关的工具进行图形编辑修改。

4. 绘制门窗

门窗的绘制可依据内外墙体上门、窗口的细部尺寸,首先在墙体上开设门窗洞口,然后创建门窗图例符号,并将门窗图例插入到墙体上门窗洞口处。

（1）在墙体上开设门窗洞口。可用"OFFSET"（偏移）、"EXTEND"（延伸）、"TRIM"（修建)、"MATCHPROP"(改变对象所在图层)等命令来实现开门窗洞口操作,现以 A 轴线墙上的窗洞口为例,窗宽 2100,窗边距①、②定位轴线间距均为 600。平面图中的其他门窗洞口的做法与此相同。其中的命令操作如下:

命令:_OFFSET

指定偏移距离或[通过(T)]<3600.0000>:600

选择要偏移的对象或<退出>:(选择①定位轴线)

指定点以确定偏移所在一侧:(在①定位轴线右侧拾取一点)

选择要偏移的对象或<退出>:(选择②定位轴线)

指定点以确定偏移所在一侧:(在②定位轴线左侧拾取一点)

命令:_EXTEND

当前设置:投影=UCS,边=无

选择边界的边……

选择对象:(选择墙线 c,如图 9-14 所示)

选择对象:(回车,结束边界边的选择)

选择要延伸的对象,按住"Shift"键选择要修剪的对象,或[投影(P)/边(E)/放弃(U)]:(选择 a)

选择要延伸的对象,按住"Shift"键选择要修剪的对象,或[投影(P)/边(E)/放弃(U)]:(选择 b)

选择要延伸的对象,按住"Shift"键选择要修剪的对象,或[投影(P)/边(E)/放弃(U)]:(回车)

命令:_MATCHPROP(改变图线 a、b 所在图层,由定位轴线图层到墙体图层)

选择源对象:(选择墙线 d,如图 9-14 所示)

当前活动设置:颜色 图层 线型 线宽 厚度 打印样式 文字 标注 填充图案

选择目标对象或[设置(S)]:(选择图线 a,如图 9-14 所示)

选择目标对象或[设置(S)]:(选择图线 b,如图 9-14 所示)

选择目标对象或[设置(S)]:(回车,结束命令)

命令:_TRIM

当前设置:投影=UCS,边=无

选择剪切边……

选择对象:(选择图线 a,如图 9-14 所示)

选择对象:(选择图线 b,如图 9-14 所示)

选择对象:(选择图线 c,如图 9-14 所示)

选择对象:(选择图线 d,如图 9-14 所示)

选择对象:(回车,结束剪切边选择)

选择要修剪的对象,按住"Shift"键选择要延伸的对象,或[投影(P)/边(E)/放弃(U)]:(选择 a)

选择要修剪的对象,按住"Shift"键选择要延伸的对象,或[投影(P)/边(E)/放弃(U)]:(选择 b)

选择要修剪的对象,按住"Shift"键选择要延伸的对象,或[投影(P)/边(E)/放弃(U)]:(选择 c)

选择要修剪的对象,按住"Shift"键选择要延伸的对象,或[投影(P)/边(E)/放弃(U)]:(选择 d)

作图结果如图 9-15 所示,用上述方法将平面图中的门窗洞口完成后,如图 9-16 所示。

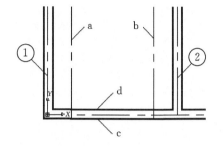
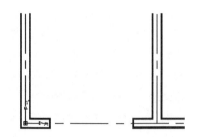
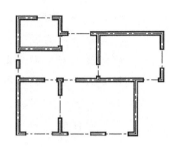

图 9-14 绘制窗户边线   图 9-15 制作窗洞   图 9-16 完成墙体上门窗洞

(2)绘制门窗图例符号。施工图中,门、窗均用国标规定的图例符号来表示,可将门、窗图例符号定义为图块,在门窗洞口处插入门窗图块,下面详细介绍窗图例符号的创建方法。

设置"窗"图层为当前层,并用"ZOOM"命令放大窗口,以方便作图。命令操作如下:

命令:_RECTANG(矩形命令绘制窗台)

指定第一个角点或[倒角(C)/标高(E)/圆角(F)/厚度(T)/宽度(W)]:(捕捉点 a,如图 9-17 所示)

指定另一个角点或[尺寸(D)]:(捕捉点 b,如图 9-17 所示)

命令:_EXPLODE(分解矩形)

选择对象:(选择上述所画矩形)

选择对象:(回车,结束命令)

命令:_OFFSET(绘制窗扇线)

指定偏移距离或[通过(T)]<通过>:80

选择要偏移的对象或<退出>:(选择左侧窗台边线 d)

指定点以确定偏移所在一侧:(在左侧窗台边线 d 的右侧拾取一点)

选择要偏移的对象或<退出>:(选择右侧窗台边线 c)

指定点以确定偏移所在一侧:(在右侧窗台边线 c 的左侧拾取一点)

选择要偏移的对象或<退出>:(回车,结束偏移命令,如图 9-17 所示)

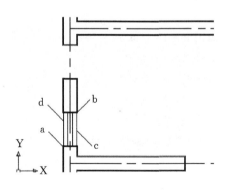

图 9-17 绘制窗户图例

使用"PROPERTIES"特性命令,将窗扇线所在的图层修改为"门窗细部"图层。为了方便

选择窗户图例对象,在"图层特性管理器"中先关闭"墙体"和"定位轴线"图层。如图 9 - 18
所示。

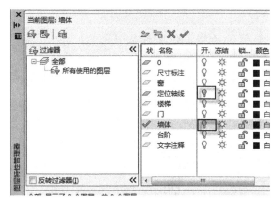

图 9 - 18　关闭"墙体"和"定位轴线"图层

使用"PROPERTIES"特性命令,将窗扇线所在的图层修改为"门窗细部"图层。为了方便
在今后其他位置绘制"窗"时不用每次重新绘制,可以通过"块"操作创建"窗"块,在今后使用时
通过插入"块"来实现。

创建"窗"块,命令提示如下:

命令:_BLOCK(在"块定义"对话框中输入块名"窗",点击"拾取点"按钮),如图 9 - 19
所示:

图 9 - 19　窗块的定义

指定插入基点:(选择点 a,如图 9 - 17 所示)

选择对象:(点击"选择对象"按钮,选择窗图例所有图线,返回对话框,点击"确定"按钮,
完成窗块的定义)

(3)插入门窗图例符号。打开"墙体"和"定位轴线"图层,将前面创建的门窗图例符号,用
"INSERT"命令插入到门窗洞口处,如图 9 - 20 所示。若窗口宽度不一致,可将图块分解后,
用"STRETCH"(拉伸)命令拉伸至窗口大小。命令操作如下:

命令：_INSERT（调出"插入"对话框，在"角度"栏输入"－90"，复选"分解"选项）

指定块的插入点：（目标捕捉 k 点，如图 9－20 所示）

命令：_STRETCH

以交叉窗口或交叉多边形选择要拉伸的对象……

选择对象：（用交叉窗口选择窗户图例符号）

指定基点或位移：（目标捕捉 e 点，如图 9－21 所示）

指定位移的第二个点或 ＜用第一个点作位移＞：（目标捕捉 m 点，如图 9－21 所示）

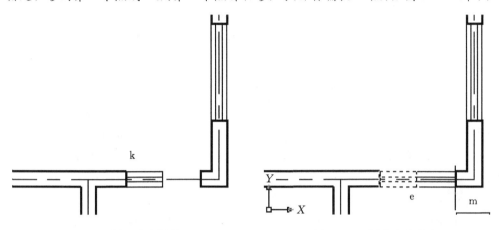

图 9－20　插入窗户图块　　　　　　　　图 9－21　调整窗户宽度

平面图中其他位置的门窗同样可用上述方法绘制，也可以利用"COPY"命令复制生成，下面以 A 轴线墙上门为例，如图 9－22 所示，说明门的作图方法与技巧。

设置"门"层为当前层，门宽为 1800，绘制门线和门的开启方向，门可用"LINE"命令绘制，门的开启方向线可用 ARC 命令绘制。命令操作如下：

命令：_LINE（绘制门线）

指定第一点：（目标捕捉 a 点，如图 9－22 所示）

指定下一点或 ［放弃(U)］：@0，－900（双扇门宽 1800）

设置"门窗细部"层为当前层。

命令：_ARC（绘制门的开启方向线）

指定圆弧的起点或 ［圆心(C)］：（目标捕捉 b 点，如图 9－22 所示）

指定圆弧的第二个点或 ［圆心(C)/端点(E)］：c

指定圆弧的圆心：（目标捕捉 a 点）

指定圆弧的端点或 ［角度(A)/弦长(L)］：a

指定包含角：90

命令：_MIRROR（镜像绘制另一半门扇）

选择对象：（选择门线、开启方向线）

选择对象：（回车，结束对象选择）

指定镜像线的第一点：（目标捕捉 c 点）

指定镜像线的第二点：（打开正交方式，在 c 点正下方拾取一点）

是否删除源对象？［是(Y)/否(N)］＜N＞：（回车，保留源对象）

命令：_COPY

选择对象：（选择上述门的图例符号所有实体）

选择对象：

指定基点或位移，或者［重复(M)］：（目标捕捉 a 点，如图 9－22 所示）

指定位移的第二点或 ＜用第一点作位移＞：（目标捕捉 d 点，如图 9－22 所示）

如需一次绘制多个同样的门，可在"指定基点或位移，或者［重复(M)］："一步中选择"M"参数。

5.绘制其他建筑构件

建筑平面图中的楼梯、台阶、花池等构件，可用"LING"（直线）、"OFFSET"（偏移）、"AR-RAY"（阵列）、"TRIM"（修建）等命令来绘制。

（1）绘制楼梯平面图。设置"楼梯"层为当前层，并用"ZOOM"命令将楼梯间放大到整个屏幕，以便于作图。依据楼梯平面图的各部分尺寸，作出楼梯梯段的起始线，如图 9－23 所示。具体操作如下：

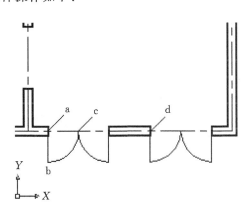

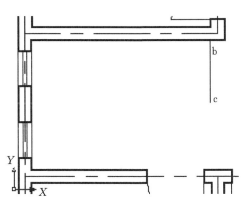

图 9－22　绘制门的图例　　　　图 9－23　绘制梯段起始线

命令：_LINE　（绘制梯段起始线 bc）

指定第一点：（打开对象追踪，捕捉 b 点）

指定下一点或［放弃(U)］：@0，－1040（梯段宽 1040）

指定下一点或［放弃(U)］：

楼梯的梯段为 9 级，踏面宽为 260，扶手宽为 60，可使用矩形阵列或偏移命令复制生成梯段的平面图，并按建筑制图的有关要求对其进行修剪，添加扶手平面图即可。三级阶梯的做法与梯段的做法相同，楼梯平面图如图 9－24 所示。命令操作如下：

命令：_ARRAY（在"阵列"对话框中，设置为 1 行 9 列；行偏移 0；列偏移－260；）

选择对象：（选择梯段起始线 bc，如图 9－23 所示）

（2）绘制台阶。设置"台阶"层为当前层。台阶的平台部分可用 RECTANG（矩形）命令绘制，平台尺寸 6240×1200；阶梯部分可用偏移命令生成，阶梯踏面宽为 300，如图 9－25 所示。

命令：_RECANG（绘制台阶的平台）

指定第一个角点或［倒角(C)/标高(E)/圆角(F)/厚度(T)/宽度(W)］：（捕捉 a 点）

指定另一个角点或［尺寸(D)］：@－6240，－1200

命令：_EXPLODE

选择对象：(选择上述矩形,将其分解为 LINE 线)

命令：_OFFSET (绘制阶梯部分,如图 9-25 所示)

指定偏移距离或 [通过(T)] <通过>：300 (台阶踏面宽 300)

选择要偏移的对象或 <退出>：(选择平台下侧边线)

指定点以确定偏移所在一侧：(在其下侧拾取一点)

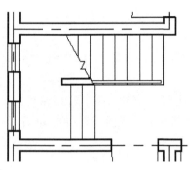

图 9-24　绘制楼梯平面图

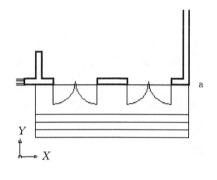

图 9-25　绘制台阶

(3)绘制花池。

设置"花池"层为当前层。用"RECTANG"矩形命令绘制花池。命令行提示如下：

命令：_RECTANG

指定第一个角点或 [倒角(C)/标高(E)/圆角(F)/厚度(T)/宽度(W)]：(捕捉 b 点)

指定另一个角点或 [尺寸(D)]：(捕捉 c 点,如图 9-26 所示)

然后用"OFFSET""TRIM"等命令作出花池内轮廓线,如图 9-26 所示。最后完成的建筑平面图的图形部分如图 9-27 所示。

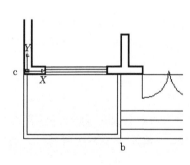

图 9-26　绘制花池

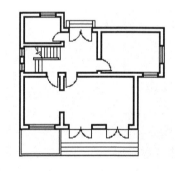

图 9-27　建筑平面图形

6.建筑平面图的尺寸标注

(1)设置尺寸标注样式。在标注尺寸前,首先要设置尺寸标注样式,使其符合我国建筑制图尺寸标注要求。

在"常用"功能区中,点击"注释"命令组的下拉符号,点击"标注样式"按钮，如图 9-28 所示,会弹出"标注样式管理器"对话框,如图 9-29 所示。

图 9-28 选中"标注样式"

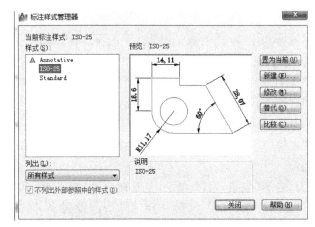

图 9-29 "标注样式管理器"对话框

点击"新建"按钮，系统将弹出"创建新标注样式"对话框，在"新样式名"栏输入"WBZ"，点击"继续"按钮后，系统将弹出如图 9-30 所示的"新标注样式：WBZ"对话框。在该对话框中有七个选项卡，分别设置如下：

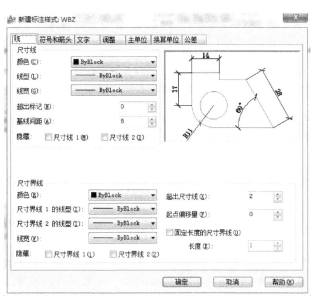

图 9-30 设置尺寸标注样式

①"线"选项卡。设置"尺寸线"栏中的"基线间距"为 8；设置"尺寸界限"栏中的"超出尺寸

线"为 2,"起点偏移量"为 0。

②"符号和箭头"选项卡。设置"箭头"栏,选择箭头类型为"建筑标记","箭头大小"为 2;其他均为缺省值。

③"文字"选项卡。设置"文字位置"栏中的"从尺寸线偏移"为 1;其他均为缺省值。

④"调整"选项卡。设置"标注特征比例"栏中的"使用全局比例"为 100(若平面图的输出比例为 1∶100);其他均为缺省值。

⑤"主单位"选项卡。设置"线性标注"栏中的"单位格式"选择"小数","精度"为 0;其他均为缺省值。

点击"确定"按钮,返回"标注样式管理器"对话框,在"样式"列表中选择"WBZ",点击"置为当前"按钮,则当前的尺寸标注样式即为所设置 WBZ 样式,关闭该对话框,进行建筑平面图的尺寸标注。

⑥"换算单位"选项卡。设置"换算单位"栏为缺省值。

⑦"公差"选项卡。设置"公差"栏为缺省值。

(2)标注平面图尺寸。建筑平面图的尺寸标注包括外部尺寸、内部尺寸和标高尺寸。外部尺寸为外墙上的三道尺寸,即外墙上门窗细部尺寸、定位轴线间尺寸(也称房间的开间和进深尺寸)和外包尺寸,以及外部其他建筑构件的尺寸;内部尺寸是内墙上门窗细部尺寸,以及各种设备的大小和位置尺寸;标高尺寸是指室内、室外地面标高尺寸。下面将以图 9-31"建筑平面图"中标注 A 轴线墙的外部尺寸为例,详细讲解标注的操作步骤。

设置"尺寸标注"层为当前层。打开正交方式、对象捕捉方式和对象追踪方式,为了使尺寸界限端点对齐,应利用对象追踪功能。

命令:_DIMLINEAR(使用线性标注命令,标注第一道门窗细部尺寸)

指定第一条尺寸界线原点或 <选择对象>:(捕捉 a 点,对象追踪拾取一点,如图 9-31 所示)

指定第二条尺寸界线原点:(捕捉 b 点,对象追踪拾取一点)

指定尺寸线位置或[多行文字(M)/文字(T)/角度(A)/水平(H)/垂直(V)/旋转(R)]:(拾取一点)

标注文字 =120

命令:_DIMCONTINUE(使用连续标注命令,标注第一道门窗细部尺寸)

指定第二条尺寸界线原点或[放弃(U)/选择(S)]<选择>:(捕捉 c 点,并对象追踪拾取一点)

标注文字 =600

指定第二条尺寸界线原点或[放弃(U)/选择(S)]<选择>:(捕捉 d 点,并对象追踪拾取一点)

标注文字 =1200

指定第二条尺寸界线原点或[放弃(U)/选择(S)]<选择>:(捕捉 e 点,并对象追踪拾取一点)

标注文字 =600

指定第二条尺寸界线原点或[放弃(U)/选择(S)]<选择>:(捕捉 f 点,并对象追踪拾取一点)

标注文字 ＝600

指定第二条尺寸界线原点或［放弃(U)/选择(S)］＜选择＞:(捕捉 g 点,并对象追踪拾取一点)

标注文字 ＝1800

指定第二条尺寸界线原点或［放弃(U)/选择(S)］＜选择＞:(捕捉 h 点,并对象追踪拾取一点)

标注文字 ＝1200

命令:＿DIMBASELINE(使用基线标注命令,标注第二道定位轴线间尺寸)

指定第二条尺寸界线原点或［放弃(U)/选择(S)］＜选择＞:s

选择基准标注:(选择左侧尺寸 600 的左边尺寸界限,如图 9-31 所示)

指定第二条尺寸界线原点或［放弃(U)/选择(S)］＜选择＞(捕捉 e 点,并对象追踪拾取一点)

标注文字 ＝3300

命令:＿DIMBASELINE(使用连续标注命令,标注第二道定位轴线间尺寸)

指定第二条尺寸界线原点或［放弃(U)/选择(S)］＜选择＞:(捕捉 j 点,并对象追踪拾取一点)

标注文字 ＝6000

指定第二条尺寸界线原点或［放弃(U)/选择(S)］＜选择＞:(捕捉 p 点,并对象追踪拾取一点)

标注文字 ＝2100

命令:＿DIMBASELINE(使用线性标注命令,标注第三道外包尺寸)

指定第一条尺寸界线原点或 ＜选择对象＞:(捕捉 a 点,并对象追踪拾取一点,如图 9-31 所示)

指定第二条尺寸界线原点:(捕捉 q 点,并对象追踪拾取一点)

指定尺寸线位置或［多行文字(M)/文字(T)/角度(A)/水平(H)/垂直(V)/旋转(R)］:(拾取一点,确定尺寸线的位置)

标注文字 ＝11640

指定第二条尺寸界线原点或［放弃(U)/选择(S)］＜选择＞:(回车,结束标注)

在尺寸标注过程中,常涉及一些小尺寸的处理,如图 9-31 所示中的尺寸"120",由于尺寸数字无法放置在尺寸界限内,尺寸数字被引出标注或重叠标注,不符合建筑制图尺寸标注要求,须调整尺寸数字的位置。解决的方法是用鼠标左键点击该尺寸,如图 9-32 所示,使其出现蓝色夹点,将鼠标放置在文字位置的蓝色夹点上,系统将弹出如图 9-33 所示的快捷菜单,"仅移动文字"命令,此时该尺寸数字随鼠标光标移动而移动,用户可在合适位置处,点击鼠标左键即可。

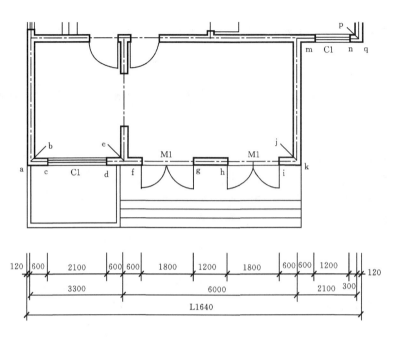

图 9-31　外墙尺寸标注

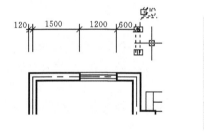

图 9-32　调整小尺寸的位置　　图 9-33　快捷菜单

（3）标注标高尺寸。标高尺寸是由图形和数值组成，标注标高尺寸可用属性图块方法进行标注。用户应先按国标规定绘制标高图形符号，然后添加属性。

在 AutoCAD 软件界面的命令行中，执行"多段线"命令"PLINE"，绘制标高，标高绘制完成之后，通过"ATTDEF"命令定义标高属性，最后通过"创建块"命令"BLOCK"将绘制出来并且定义好属性的标高图形创建为块。

标高块的绘制命令操作如下：

命令：_PLINE（绘制标高符号）

指定起点：（在屏幕上任取一点）

当前线宽为 0.0000

指定下一个点或[圆弧（A）/半宽（H）/长度（L）/放弃（U）/宽度（W）]：@-300，-300

指定下一点或[圆弧（A）/闭合（C）/半宽（H）/长度（L）/放弃（U）/宽度（W）]：@-300，300

指定下一点或[圆弧（A）/闭合（C）/半宽（H）/长度（L）/放弃（U）/宽度（W）]：@1800，0

绘制出来的标高如图 9-34 所示。

标高属性定义为：

命令：_ATTDEF（定义标高属性）

在命令行执行"ATTDEF"命令，系统将调出"属性定义"对话框，设置如图 9-34 所示，点击"拾取点"按钮，拾取属性值的插入点为标高正上方，点击"确定"按钮，完成属性定义。

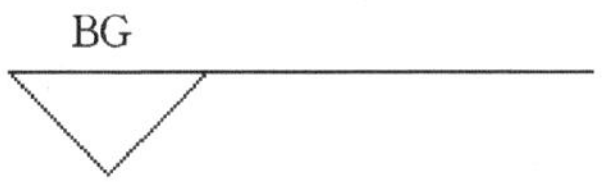

图 9-34　标高绘制及属性定义

标高块创建命令操作如下：

命令：_BLOCK（创建标高属性块，在"块定义"对话框，设置如图 9-35 所示）

选择对象：（选择标高图形符号和标高属性）

指定插入基点：（捕捉标高插入点）

在名称一项中输入所命名的块名字，然后点击"确定"，完成标高块的创建。

标高块的插入命令操作如下：

命令：_INSERT（标注标高尺寸）

指定插入点或〔比例（S）/X/Y/Z/旋转（R）/预览比例（PS）/PX/PY/PZ/预览旋转（PR）〕：（捕捉插入点）

输入属性值：

请输入标高值＜0.000＞：－0.500（输入所插入处的标高值）

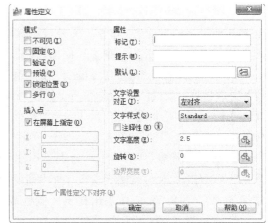

图 9-35　标高块创建

在需要标注标高尺寸的地方，插入标高属性图块。当然用户也可以先绘制标高符号和文本命令书写标高值，在其他需标注标高的地方，利用"COPY"命令复制生成，并用编辑文本命令修改其标高值。

（4）注释文字和建筑构件代号。在建筑平面图中，需注释房间的名称、门窗等构件等代号。注释名称及代号，可用"TEXT"或"MTEXT"命令进行书写。应注意的是，书写文本的字高，要乘以输出比例的倒数。

（5）定位轴线编号。按房屋建筑制图标准中有关定位轴线规定，定位轴线用细点划线绘制，竖向定位轴线自左向右用阿拉伯数字顺序编号，横向定位轴线自下向上用拉丁字母顺序编号（除 I、O、Z 字母），定位轴线编号圆圈的直径为 8 毫米。标注定位轴线编号的方法可用属性图块或 COPY 复制方法进行标注，具体做法见标高尺寸标注方法。应注意的是定位轴线圆圈的直径和轴线编号文本的字高，均应放大输出比例的倒数，即圆圈直径取 800，字高取 500（若建筑平面图的输出比例为 1：100）。

9.4　建筑立面图的绘制

建筑立面图是建筑物不同方向外墙面的正立面图，用于表明建筑物的建筑外形、外部构造和造型、外墙上门窗的位置及类型、外墙面的装饰等内容。用 AutoCAD 软件绘制建筑立面图通常有两种基本方法，即二维作图法和三维模型作图法。二维作图法是运用传统的手工绘图方法与步骤与 AutoCAD 二维命令相结合绘制,这种方法简单、直观、准确,但是绘制的建筑立面图是彼此分离的,不同方向的立面图必须独立绘制;三维模型作图法是依据建筑平面图,用三维表面模型或实体造型方法构建建筑物的模型,选择不同的视点观察建筑模型并进行消隐处理,得到不同方向的建筑立面图。这种方法的优点是,它直接从三维模型上提取二维立面信息,一旦完成建模工作,就可生成任意方向的立面图。建模方法更有利于立面设计的合理性,但与二维作图相比较,其作图操作更为复杂。在此主要介绍运用二维作图方法绘制建筑立面图的方法与技巧。

用二维绘图方法绘制建筑立面图之前,应注意了解建筑立面图的图形特点。如果建筑立面图有对称面,可先绘制一半,利用"MIRROR"命令镜像复制生成其另一半;对楼房来说,如果某些楼层的立面图布局相同,可先绘制某一层立面图(即标准层立面图),利用"COPY"复制生成其他楼层的立面图;等等。另外应了解建筑立面图中各部分构件的尺寸大小,有些建筑构配件的尺寸应查阅相关的建筑平面图、建筑剖视图和建筑详图。

为了加强建筑立面图的表达效果,使建筑物的轮廓突出、层次分明,通常选用的线型如下:屋脊线和外墙最外轮廓线用粗实线(0.7mm),室外地坪线用特粗线(1mm),所有凹凸部位如阳台、雨篷、线脚、门窗洞等用中粗实线(0.35mm),其他部分如门窗扇、雨水管、尺寸线、标高等用细实线(0.25mm)。线宽应按《房屋建筑制图统一标准》(GB/T 50104—2010)中的规定选择适当的线宽组。

建筑立面图常采用 1:100 比例输出图形。运用 AutoCAD 软件绘制图形时,图形部分应采用 1:1 作图,对与绘图比例无关的图形符号(如标高、定位轴线编号、详图索引符号等)、尺寸标注、文字注释等,应按输出比例的倒数放大绘制。

绘制如图 9-36 所示的建筑立面图,其作图方法与作图步骤如下:

图 9-36 建筑立面图

1.设置作图环境

用户要在 AutoCAD 中绘制图形,应首先设置图形的绘图环境。有关绘图单位、图形界限、线型比例、文字样式的设置方法请参见建筑平面图绘制的相关内容。本次建筑立面图的图层规划设置如图 9-37 所示。

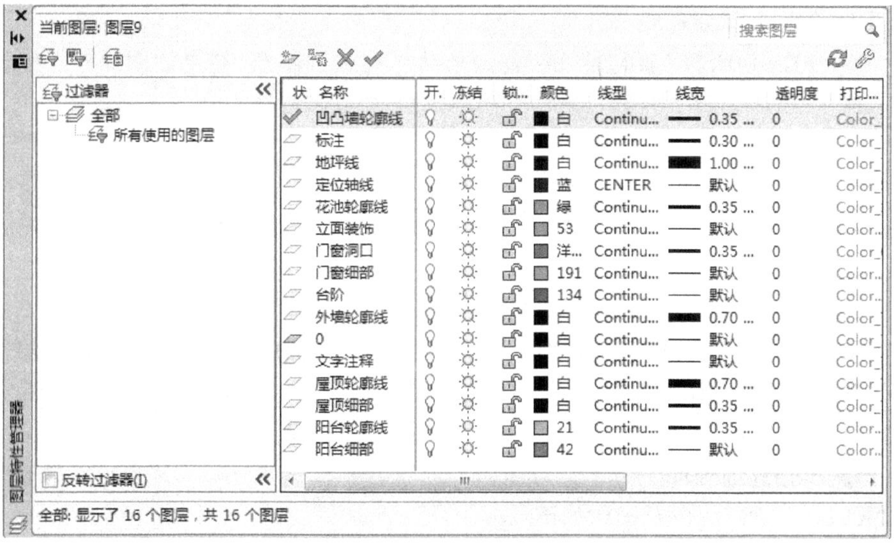

图 9 - 37　建筑立面图图层设置

2. 绘制标准层立面图

在本例中，房屋是两层小楼，底层和二层的立面图尽管布置不完全相同，但可以将相同的部分作为标准层方法处理，不同部分可在相应的立面图中进行修改和添加。

（1）绘制定位轴线。设置"定位轴线"层为当前层。依据建筑平面图中的定位轴线尺寸，用"LINE"、"OFFSET"命令绘制定位轴线，如图 9 - 38 所示。命令行操作如下：

命令：_LINE　（绘制①定位轴线）

指定第一点：0,0

指定下一点或 ［放弃(U)］：@0,3000（楼层的层高为 3000）

命令：_OFFSET（绘制②定位轴线）

指定偏移距离或 ［通过(T)］＜通过＞：3300

选择要偏移的对象或 ＜退出＞：（选择①定位轴线）

指定点以确定偏移所在一侧：（在①定位轴线右边拾取一点）

选择要偏移的对象或 ＜退出＞：

用同样方法，依据轴线尺寸 6000、2100，绘制④、⑤定位轴线。

（2）绘制外墙轮廓线。设置"外墙轮廓线"层为当前层。用偏移命令绘制外墙轮廓线和凹凸墙轮廓线。命令行操作如下：

命令：_OFFSET

指定偏移距离或 ［通过(T)］＜2100＞：120

选择要偏移的对象或 ＜退出＞：（选择①定位轴线）

指定点以确定偏移所在一侧：（在①定位轴线左边拾取一点，生成外墙轮廓线）

选择要偏移的对象或 ＜退出＞：（选择⑤定位轴线）

指定点以确定偏移所在一侧：（在⑤定位轴线右边拾取一点，生成外墙轮廓线）

选择要偏移的对象或 ＜退出＞：（选择④定位轴线）

指定点以确定偏移所在一侧：（在④定位轴线右边拾取一点，生成凹凸墙轮廓线）

选择要偏移的对象或＜退出＞：

使用"PROPERTIES"对象特性命令修改墙体轮廓线的图层,结果如图9-39所示。

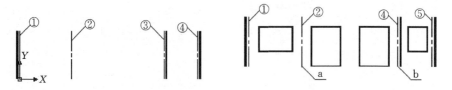

图9-38 绘制定位轴线和外墙线　　　图9-39 绘制门窗洞

（3）绘制门窗洞。设置"门窗洞口"层为当前层。依据门窗尺寸及门窗与定位轴线的尺寸,用"RECTANG"命令绘制门窗洞。左边的窗户为2100×1500,窗间墙均为600,窗台高出楼地面900;门为1800×2400,门间墙600,门间距600。右边的窗户为1200×1500,窗间墙为600和300,窗台高出楼地面900。

使用"RECTANG"命令的操作如下：

命令：RECTANG（绘制左边的窗洞,如图9-40所示）

指定第一个角点或［倒角(C)/标高(E)/圆角(F)/厚度(T)/宽度(W)］：600,900

指定另一个角点或［尺寸(D)］：@2100,1500

命令：_RECTANG（绘制左边的门洞1800×2400,如图9-40所示）

指定第一个角点或［倒角©/标高(E)/圆角(F)/厚度(T)/宽度(W)］：600（打开"对象捕捉"和"对象追踪"功能,目标捕捉a点,水平向右移动光标,待出现水平追踪线后,输入距离600,确定门洞左下角点）

指定另一个角点或［尺寸(D)］：@1800,2400

命令：_RECTANG（绘制右边的门洞1800×2400,如图9-40所示）

指定第一个角点或［倒角©/标高(E)/圆角(F)/厚度(T)/宽度(W)］：600（目标捕捉b点,水平向左移动光标,待出现水平追踪线后,输入距离600,确定门洞右下角点）

指定另一个角点或［尺寸(D)］：@-1800,2400

命令：_RECTANG（绘制右边窗洞1200×1500,如图9-40所示）

指定第一个角点或［倒角©/标高(E)/圆角(F)/厚度(T)/宽度(W)］：_tt（选择"临时追踪点"方式捕捉b点）

指定临时对象追踪点：600（水平向右移动光标,待出现水平追踪线后,输入600,以确定窗左下角点相对b点x坐标）

指定第一个角点或［倒角©/标高(E)/圆角(F)/厚度(T)/宽度(W)］：900（垂直向上移动光标,待出现垂直追踪线后,输入900,以确定窗左下角点相对b点的y坐标）

指定另一个角点或［尺寸(D)］：@1200,1500

（4）绘制门窗扇细部。设置"门窗细部"层为当前层。可以使用"LINE""OFFSET""TRIM"等命令,绘制门扇和窗扇,如图9-41所示。

（5）绘制墙面引条线。设置"立面装饰"层为当前层。用"LINE"命令绘制墙面引条线,如图9-41所示。

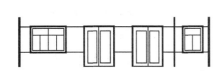

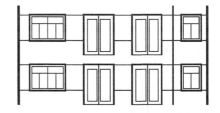

图 9-40　绘制门窗细部及墙面引条线　　　图 9-41　复制生成二层立面图

3. 绘制其他楼层立面图

完成标准层立面图后,其他楼层的立面图,可利用"COPY"命令或矩形阵列命令进行复制生成;对局部不同之处,可复制后进行添加图线或编辑修改。在本例中,底层立面图中应添加门前台阶,以及窗下花池;而二层立面图中门前应添加阳台,并应对阳台后部不可见的门及门扇细部进行修剪。

(1)绘制二层立面图。命令操作如下:

命令:_COPY

选择对象:(用窗口选择标准层立面图所有图线)

选择对象:(回车)

指定基点或位移,或者［重复(M)］:0,3000

指定位移的第二点或 ＜用第一点作位移＞:(回车,结果如图 9-42 所示)

(2)绘制底层立面图中的台阶和花池。

设置"台阶"层为当前层。命令操作如下:

命令:_LINE (绘制平台线,台阶平台标高为-0.050)

指定第一点:(打开"对象捕捉"和"对象追踪"功能,捕捉 m 点,垂直向下移动光标,待出现垂直追踪线后,输入距离 50,确定平台线左端点,如图 9-42 所示)

指定下一点或［放弃(U)］:@-6240,0 (平台长 6240)

三级台阶的立面图可利用"OFFSET"偏移命令或"ARRAY"阵列命令绘制生成。每级台阶高度为 150。命令操作如下:

命令:_OFFSET

指定偏移距离或［通过(T)］＜通过＞:150 (每级台阶高 150)

选择要偏移的对象或 ＜退出＞:(选择平台线)

指定点以确定偏移所在一侧:(在平台线下方拾取一点)

选择要偏移的对象或 ＜退出＞:

设置"花池"层为当前层,用"LINE"命令绘制花池轮廓线。命令操作如下:

命令:_LINE

指定第一点:(捕捉 a 点,如图 9-43 所示)

指定下一点或［放弃(U)］:@0,250 (高出平台地面 250)

指定下一点或［放弃(U)］:(捕捉墙体线的垂足点)

设置"地坪线"为当前层,地坪线的标高为-0.500,用"LINE"命令绘制地坪线,并将外墙轮廓线用"EXTEND"命令将其延伸至地坪线,关闭轴线层,如图 9-43 所示。

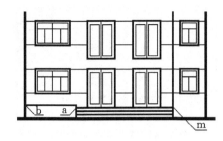

图 9-42　绘制台阶、花池

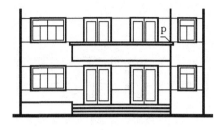

图 9-43　绘制阳台

（3）绘制二楼阳台。设置"阳台"层为当前层。阳台的外形轮廓线可用"RECTANG"命令绘制，阳台栏板上部压顶轮廓线可用"LINE"命令绘制，局部可用"TRIM"命令修剪处理即可。命令操作如下：

命令：_RECTANG

指定第一个角点或［倒角（C）/标高（E）/圆角（F）/厚度（T）/宽度（W）］：（捕捉 p 点，如图9-44 所示）

指定另一个角点或［尺寸（D）］：@-6120，-1200

命令：_LINE

指定第一点：（捕 p 点，如图 9-44 所示）

指定下一点或［放弃（U）］：@120，0

指定下一点或［放弃（U）］：@0，-120

指定下一点或［放弃（U）］：@-120，0

4. 绘制屋顶

（1）绘制屋顶轮廓线。设置"屋顶轮廓线"层为当前层。用多段线"PLINE"命令绘制屋顶的外形轮廓线。命令操作如下：

命令：_PLINE（绘制左侧屋顶轮廓线）

指定起点：（捕捉 a 点，如图 9-44 所示）

当前线宽为 0

指定下一个点或［圆弧（A）/半宽（H）/长度（L）/放弃（U）/宽度（W）］：@-400，0

指定下一点或［圆弧（A）/闭合（C）/半宽（H）/长度（L）/放弃（U）/宽度（W）］：@0，300

指定下一点或［圆弧（A）/闭合（C）/半宽（H）/长度（L）/放弃（U）/宽度（W）］：@500，500

命令：_PLINE（绘制左侧屋顶轮廓线）

指定起点：（捕捉 c 点，如图 9-44 所示）

当前线宽为 0

指定下一个点或［圆弧（A）/半宽（H）/长度（L）/放弃（U）/宽度（W）］：@400，0

指定下一点或［圆弧（A）/闭合（C）/半宽（H）/长度（L）/放弃（U）/宽度（W）］：@0，300

指定下一点或［圆弧（A）/闭合（C）/半宽（H）/长度（L）/放弃（U）/宽度（W）］：@500，500

指定下一点或［圆弧（A）/闭合（C）/半宽（H）/长度（L）/放弃（U）/宽度（W）］：（捕捉 b）

命令：_LINE

指定第一点：（捕捉 e 点，如图 9-44 所示）

指定下一点或［放弃（U）］：（捕捉 f 点）

用类似的方法继续绘制阳台上部的雨篷,结果如图9-44所示。

(2)绘制屋顶装饰材料。设置"屋顶细部"层为当前层。用"BHATCH"命令填充装饰材料,结果如图9-45所示。

图9-44 绘制屋顶轮廓线　　　　图9-45 填充屋顶表面装饰图案

5.标注标高尺寸、轴线编号、文字注释和外墙详图索引符号

(1)标注标高尺寸。建筑立面图中应注明建筑外墙上各个部位的标高尺寸,宜标注室内外地面、台阶、门窗洞的上下口、檐口、雨篷等处的标高。标高尺寸的标注方法详见建筑平面图绘制相关内容。

(2)标定定位轴线。建筑立面图中应注明两端外墙的定位轴线及其编号。定位轴线圆圈直径为"8mm×输出比例倒数",轴线编号数字高度为"5mm×输出比例倒数",可利用属性图块进行标注,标注方法详见建筑平面图绘制的相关内容。

(3)文字注释。建筑立面图应注释写外墙各部位建筑装修材料与做法。用户可用"LINE"命令画出引线,并用多行文字"MTEXT"命令注释装饰材料名称与做法。应注意的是,文字的高度值为"3.5×输出比例的倒数"。

(4)注释外墙详图索引符号。凡需要绘制详图的部位,应标注详图索引符号。详图索引符号的圆圈为细线圆,直径为10mm。详图索引符号标注方法与标高尺寸标注方法相同,可利用属性图块方式进行标注。应注意的是,索引符号圆圈的直径(10mm)、数字高度值均应乘以输出比例的倒数。

9.5　建筑剖视图的绘制

建筑剖视图是房屋与墙身轴线垂直方向的剖视图,它包括被剖切到的建筑构件断面(有时用建筑构件的图例符号表达)和按投影方向的可见建筑构件,以及必要的尺寸、标高等。建筑剖视图主要用来表示房屋内部的分层情况、结构形式、构造方法、使用的材料与做法,以及各建筑构件间的联系和高度等。

建筑剖视图的剖切位置,一般是选取在内部结构和构造比较复杂或有变化、有代表性的部位,如通过出入口、门厅或楼梯间等部位的平面。

运用AutoCAD绘制建筑剖视图时,应注意分析图形特点。例如,楼梯间的梯段,每个梯段都是由踏面和踢面组成的步级构成,绘制时应利用软件的复制功能,提高绘图的效率。

建筑剖视图的线型应按国标规定,凡是被剖切到的墙、板、梁、楼梯等构件的轮廓线用粗实线(b)表示;未剖到的可见轮廓如门窗洞、楼梯等用中粗实线(0.5mm)表示;门窗扇、图例线、引出线、尺寸线、雨水管等用细实线（0.25mm）；室内外地坪线用加粗实线（1mm）。线型粗细应按《房屋建筑制图统一标准》（GB/T5 0104—2010）中的规定选择适当的线宽组。

下面以图9-46所示的建筑剖视图为例，说明绘制建筑剖视图的方法与步骤。

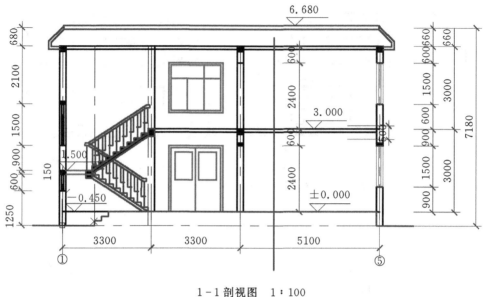

1-1剖视图 1：100

图9-46 建筑剖视图

1.设置作图环境

用户要在 AutoCAD 中绘制图形，应首先设置图形的绘图环境。有关绘图单位、图形界限、线型比例、文字样式的设置方法请参见建筑平面图绘制的相关内容。该例建筑剖视图的图层规划设置如图9-47所示。

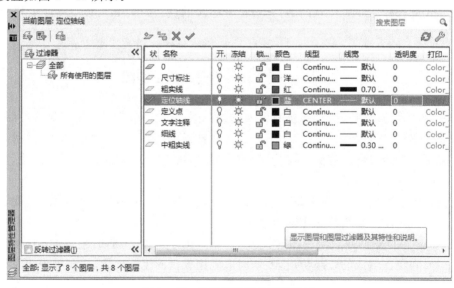

图9-47 建筑剖视图的图层设置

2.绘制定位轴线和楼地面线

(1)绘制①定位轴线和室外地坪线。设置"定位轴线"层为当前层,用"LINE"命令绘制①定位轴线和室外地坪线。命令操作如下:

命令:_LINE(绘制①定位轴线,如图9-48所示)

指定第一点:0,0

指定下一点或[放弃(U)]: @0,6500

置"粗实线"层为当前层,用LINE命令绘制室外地坪线。

命令:_LINE(绘制室外地坪线,如图9-48所示)

指定第一点:-120,0

指定下一点或[放弃(U)]:@0,11640

(2)绘制其他定位轴线和楼面线。依据定位轴线间尺寸3300、3000、5100,用"OFFSET"命令绘制其他定位轴线。命令操作如下:

命令:_OFFSET(绘制②、③、⑤定位轴线,如图9-48所示)

指定偏移距离或[通过(T)]<0>:3300

选择要偏移的对象或<退出>:(选择①定位轴线)

指定点以确定偏移所在一侧:(在①定位轴线右侧拾取一点)

选择要偏移的对象或<退出>:敲回车键完成偏移操作。

依据室内外地面高度差500和楼层高尺寸3000,用偏移命令绘制楼地面线。命令操作如下:

命令:_OFFSET(绘制室内地面线,如图9-48所示)

指定偏移距离或[通过(T)]<0>:500

选择要偏移的对象或<退出>:(选择室外地坪线)

指定点以确定偏移所在一侧:(在室外地坪线上侧拾取一点)

命令:_OFFSET(绘制楼地面线、屋面线,如图9-48所示)

指定偏移距离或[通过(T)]<0>:3000

选择要偏移的对象或<退出>:(选择室内地面线)

指定点以确定偏移所在一侧:(在室内地面线上侧拾取一点)

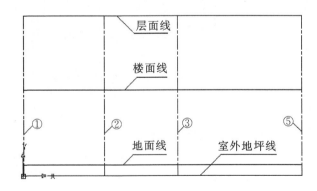

图9-48 绘制定位轴线及楼地面线

3. 绘制墙体、楼板和屋面板

墙体、楼板等构件可用"MLINE"多线命令或"OFFSET"命令绘制,使用"MLINE"命令绘制,应首先设置多线样式,详见建筑平面图绘制的相关内容。若使用"OFFSET"命令绘制,可依据墙体厚度、楼板厚度将定位轴线或楼地面线偏移生成墙体线、楼板和屋面板线(注:该例中的墙厚为240,板厚为120),并用"PRORERTIES"特性修改命令将偏移生成的图线所在图层修改为"粗实线"层,结果图如9-49所示。

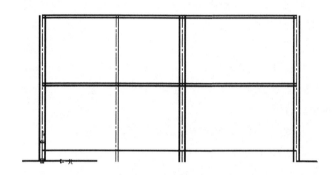

图9-49 绘制墙体、楼板和屋面板

4. 绘制墙体上的门窗及过梁

建筑剖视图中门窗的绘制方法与建筑平面图相同,首先依据窗台高和门窗高度尺寸,在墙体上开设门窗洞口,然后在门窗洞口处,用"INSERT"命令插入门窗图例符号,具体详见建筑平面图绘制的相关内容。墙面上的门窗绘制可参考建筑立面图绘制的相关内容,最后结果如图9-50所示。

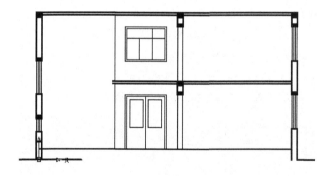

图9-50 绘制墙体上门窗及门窗过梁和圈梁

门窗顶上方的过梁、圈梁,可用"RECTANG"矩形命令绘制,并用"BHATCH"图案填充命令进行填充即可,在该例中门窗过梁的高度为100mm,其余圈梁高为200mm。

5. 绘制楼梯

(1)确定梯段起始端点。在绘制楼梯前,应首先确定两个梯段的起始端点A、B、C的位置,用户可查阅楼梯详图中梯段的定位尺寸,如休息平台宽,以及梯段水平投影长和休息平台、楼地面的标高,利用作辅助线来确定,如图9-51所示。命令操作如下:

命令:_OFFSET(绘制辅助线1,如图9-51所示)

指定偏移距离或［通过(T)］＜120＞： 120

选择要偏移的对象或＜退出＞:(选择②定位轴线)

指定点以确定偏移所在一侧:(在②定位轴线左侧拾取一点)

命令：_OFFSET(绘制辅助线2,如图9-51所示)

指定偏移距离或［通过(T)］＜120＞： 1100

选择要偏移的对象或＜退出＞:(选择①定位轴线)

指定点以确定偏移所在一侧:(在①定位轴线右侧拾取一点)

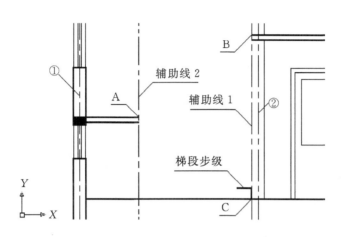

图9-51 绘制梯段起始端辅助线及梯段步级

(2)绘制楼梯步级。楼梯为双跑楼梯,每个梯段为9级,每个步级的踏面宽为260mm,踢面高为167.67mm。楼梯段是由9个步级组成,绘制时可先用"PLINE"命令绘制一个步级,如图9-52所示,其他步级利用"COPY"命令复制生成。

设置"中粗线"层为当前层。命令操作如下:

命令：_PLINE(绘制楼梯段第一个步级)

指定起点:(捕捉c点,如图9-52所示)

当前线宽为0

指定下一个点或［圆弧(A)/半宽(H)/长度(L)/放弃(U)/宽度(W)］:@0,166.67

指定下一点或［圆弧(A)/闭合(C)/半宽(H)/长度(L)/放弃(U)/宽度(W)］:@-260,0

指定下一点或［圆弧(A)/闭合(C)/半宽(H)/长度(L)/放弃(U)/宽度(W)］:

命令：_COPY(绘制梯段其余步级)

选择对象:(选择第一个步级)

选择对象:点击鼠标右键以确认所选择的对象

指定基点或位移,或者［重复(M)］:m(选择重复复制方式)

指定基点:(捕捉c点,如图9-52所示)

指定位移的第二点或＜用第一点作位移＞:(捕捉对应点)

设置"粗实线"层为当前层,用同样方法绘制另一梯段,3级台阶的做法也用此法。另一梯段也可用"MIRROR"命令镜像复制生成,镜像轴线选择休息平台上表面。结果如图9-53所示。

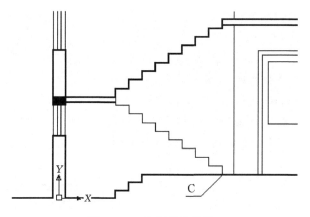

图 9 - 52　绘制楼梯梯段

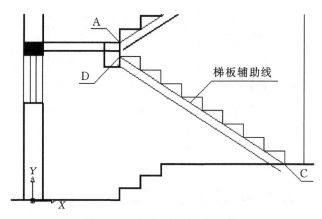

图 9 - 53　绘制楼梯板、楼梯梁

（3）绘制梯板和梯梁。打开对象捕捉，用"LINE"命令绘制梯板辅助线，再用"OFFSET"命令偏移生成梯板下部轮廓线，楼梯梁用"RECTANG"矩形命令绘制，如图 9 - 53 所示。命令操作如下：

命令：_RECTANG（绘制楼梯梁 200×250）

指定第一个角点或 ［倒角(C)/标高(E)/圆角(F)/厚度(T)/宽度(W)］：（捕捉 A 点，如图 9 - 53）

指定另一个角点或 ［尺寸(D)］：@－200，－250

命令：_LINE（绘制梯板辅助线，梯板厚度为 100mm）

指定第一点：（捕捉端点 C）

指定下一点或 ［放弃(U)］：（捕捉端点 D）

命令：_OFFSET（绘制梯板线，如图 9 - 54 所示）

指定偏移距离或 ［通过(T)］＜120＞：100

选择要偏移的对象或 ＜退出＞：（选择梯板辅助线）

指定点以确定偏移所在一侧：（在梯板辅助线下侧拾取一点）

最后用"TRIM"命令修剪掉多余的图线，并用"BHATCH"图案填充命令填充被剖切到的楼梯段，结果如图 9 - 54 所示。

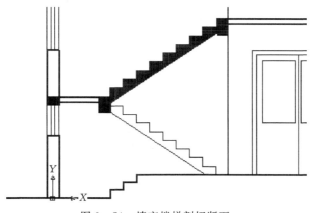

图 9-54 填充楼梯剖切断面

(4)绘制楼梯栏杆和扶手。楼梯扶手高900,是指步级踏面中点至扶手顶部的高度。绘制栏杆和扶手时,应先作出每个梯段两端的栏杆以及扶手(扶手高60)。栏杆样式是均布结构,可先用"LINE"命令绘制其中一个,然后用"COPY"命令进行复制,基点选择踏面中点。结果如图9-55所示。

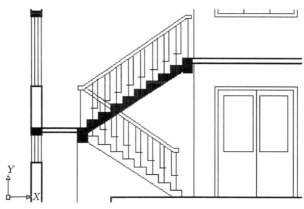

图 9-55 绘制楼梯栏杆及扶手

6.绘制屋顶

屋顶两端檐口被剖切到部分结构相同,可用"PLINE"命令绘制其中一端,另一端利用"MIRROR"命令镜像复制生成。命令操作如下:

命令:_PLINE

指定起点:(捕捉点A点,如图9-56所示)

当前线宽为0

指定下一个点或[圆弧(A)/半宽(H)/长度(L)/放弃(U)/宽度(W)]:@-400,0

指定下一点或[圆弧(A)/闭合(C)/半宽(H)/长度(L)/放弃(U)/宽度(W)]:@0,300

指定下一点或[圆弧(A)/闭合(C)/半宽(H)/长度(L)/放弃(U)/宽度(W)]:@500,500

命令:_OFFSET

指定偏移距离或[通过(T)]<通过>:60

选择要偏移的对象或<退出>:(选择ABCD折线)

指定点以确定偏移所在一侧：(在内侧拾取一点，并作适当修改，如图 9 - 56 所示)

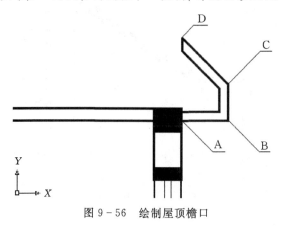

图 9 - 56　绘制屋顶檐口

　　另一端檐口的绘制，可用"MIRROR"命令镜像复制生成，并用"LINE"命令绘制上部连线，结果如图 9 - 57 所示。命令操作如下：

图 9 - 57　完成建筑剖视图

命令：_MIRROR

选择对象：(选择绘制好的檐口部分)

选择对象：

指定镜像线的第一点：(选择屋顶板的中点)

指定镜像线的第二点：(打开正交方式，拾取一点)

是否删除源对象？[是(Y)/否(N)]＜N＞：(回车)

7. 标注尺寸

　　建筑剖视图一般应标注出被剖切到内墙上的门窗位置尺寸，以及剖切到的外墙上三道尺寸。最靠近外墙的一道是门窗细部尺寸；中间一道是层高尺寸；最外侧一道是室外地面至建筑物顶部的总高尺寸。标注方法参见建筑平面图绘制的相关内容。

　　除上述尺寸外，还有建筑物各部位的标高尺寸，如室外地坪标高，室内楼、地面标高，楼梯休息平台标高等。有关标高尺寸标注方法详见建筑平面图绘制的相关内容，结果如图 9 - 57 所示。

练习题

1.简述绘制建筑施工图的步骤和方法。

2.简述建筑平面图的画图步骤。

3.绘制题图 9-1 所示建筑平面图,出图比例为 1∶100。

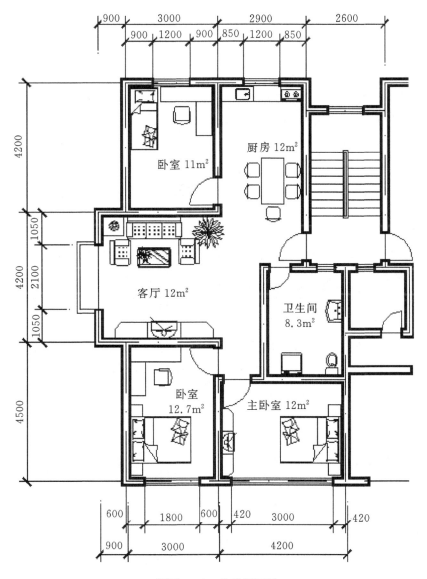

题图 9-1 建筑平面图

第 10 章　别墅室内设计图绘制

教学目标

1.掌握室内平面图的绘制方法与技巧

2.掌握室内立面图的绘制方法与技巧

3.掌握室内地坪材质铺设图的绘制方法与技巧

4.掌握室内天花平面图的绘制方法与技巧

10.1　概述

1.室内设计概述

室内设计是根据建筑物的使用性质、所处环境和相应标准,运用物质技术手段和建筑设计原理,创造功能合理、舒适优美、满足了人们物质和精神生活需要的室内环境。这一空间环境既具有使用价值,满足相应的功能要求,同时也反映了历史文脉、建筑风格、环境气氛等精神因素。

2.室内设计要求

衣、食、住、行是人们生活的基本要素。随着生活质量的不断提高,人们更希望有一个舒适、温馨的家。对于居室的设计应能提供多风格、多层次、有情趣、有个性的设计方案,以满足不同住户的多种需要。

(1)使用功能布局合理。住宅的室内环境,由于空间的结构划分已经确定,在界面处理、家具设置、装饰布置之前,除了厨房和浴厕,由于有固定安装的管道和设施,它们的位置已经确定之外,其余房间的使用功能,或一个房间内功能地位的划分,应按其特征和方便使用的要求进行布置,做到功能分区明确。集中归纳起来,即要做到"公私"分离、"动静"分离、洁污分离、干湿分离、食寝分离、居寝分离的原则。如图 10-1 所示。

(2)风格造型通盘构思。构思与立意是室内设计的"灵魂"。室内设计通盘构思,是指打算把家庭的室内环境设计装饰成什么风

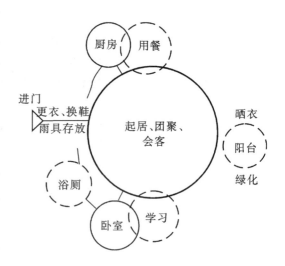

图 10-1　使用功能布局图

格和造型特征,即所谓"意在笔先",需要从总体上根据家庭成员的职业、性格、艺术爱好、经济条件等主要内容进行通盘考虑。

(3)色彩、材质协调和谐。色彩是人们在室内环境中最为敏感的视觉感受,因此根据主体构思,确定住宅室内环境的主色调至为重要。住宅室内各界面以及家具、陈设等材质的选用,应考虑人们近距离、长时间的视觉感受,以及肌肤接触等特点,材质不应有尖角或过分粗糙,也不应采用触摸后有毒或释放有害气体的材料。家具的造型款式、家具的色彩和材质都将与室内环境的使用性和艺术性休戚相关。

(4)突出重点,利用空间。住宅室内设计应从功能合理、使用方便、视觉愉悦以及节省投资等综合考虑,要突出装饰和投资的重点。近入口的门斗、门厅或走道尽管面积不大,但常给人们留下第一印象,也是回家后首先接触的室内,宜适当从视角和选材方面予以细致设计。起居室是家庭团聚、会客等使用最为频繁、内外接触较多的空间,也是家庭活动的中心,室内地面、墙面、顶面各界面的色彩和选材,均应重点推敲进行设计。

3.别墅概况

本章提到的别墅为三层建筑,见图 10-2。厕浴间、厨房、平台、阳台等受水或非腐蚀性液体经常浸湿的楼地面、楼板四周除门洞及栏杆外均做 150 高混凝土翻边,并且墙面均抹防水砂浆到顶。

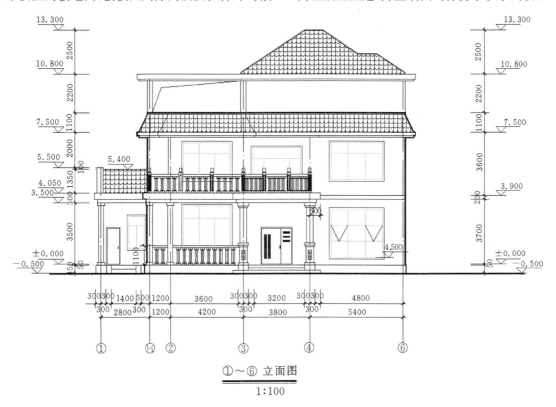

①～⑥ 立面图

1:100

图 10-2　别墅立面图

10.2　客厅平面图的绘制

10.2.1　绘图顺序

(1)设置图形界限。

(2)设置图层、颜色和线形。

(3)绘制轴网、墙体、窗户。

(4)绘制平面布置图。

(5)标注轴线编号、标高尺寸、内外部尺寸、门窗编号、索引符号以及书写其他文字说明。

(6)在平面图下方写出图名及比例等。

10.2.2　首层平面图的绘制步骤

设计师在确定一个房屋的设计方案前,需要对房屋的结构和各部分的尺寸有一个详细的了解。图10-3所示为将要设计的别墅首层房屋平面布置图。

1.设置图形界限

别墅的尺寸的最长和最宽分别为15400mm和17400mm,所以应设定一个大一些的图形界限。图形界限设定为42000mm×290000mm。命令操作提示如下:

命令:LIMITS

重新设置模型空间界限:

指定左下角点或[开(ON)/关(OFF)]<0.0000,0.0000>:

指定右上角点<15000.0000,12000.0000>:42000,290000

2.设置图层、颜色和线型

在绘图时可以通过设置图层的颜色来区分不同种类的图形对象。在打印图形时,针对某种颜色指定一种线宽,则该颜色的所有图形对象都会以同一线宽进行打印。图层的线型可表示图层中线条的特性,通过设置线型可以区分不同对象所代表的含义和作用。图10-4所示为建筑平面图的基本图层设置。

3.设置线型比例

设置定位轴线设计线型比例为1:30。命令操作如下:

命令:_LTSCALE

输入新线型比例因子<1.0000>:30

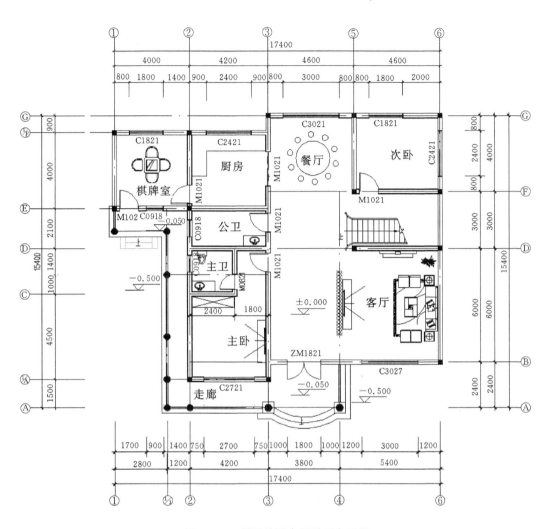

图 10-3　别墅首层房屋平面布置图

图 10-4　建筑平面图图层设置

4.绘制定位轴线网

轴网由纵横交错的轴线和轴号组成。轴线又称为基准线,是用来施工定位、放线的重要依据。轴线确定了建筑房间开间的深度及楼板柱网等细部的布置。为了看图和查阅方便,需要对定位轴线进行编号,沿水平方向的编号采用阿拉伯数字从左向右依次编写,沿垂直方向的编号采用大写的字母从上向下依次编写。为避免和水平方向的阿拉伯数字相混淆,垂直方向的编号不能使用I、O、Z这三个字母。

绘制轴线网的顺序如下:

(1)绘制轴线,线型为点划线。

使用命令有:"_LINE"(绘制直线)、"_OFFSET"(偏移)、"_TRIM"(修剪)、"_EXTEND"(延伸)。

(2)标注尺寸线。

使用命令有:"_DIMLINEAR"(标注)、"_QDIM"(快速标注)、"_DIMCONTINUE"(连续标注)。

(3)编制轴号。

使用命令有:"_ATTDEF"(块)、"_CIRCLE"(圆)、"_DTEXT"(文本)。

轴线网完成后如图10-5所示。

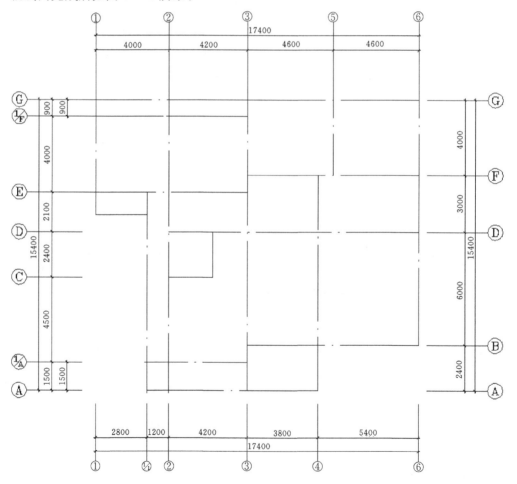

图 10-5　轴线网

5.绘制墙体

室内的墙体是室内基本结构中最主要的部分,一般情况下,室内的墙体由承重墙和非承重墙构成。砖混结构一般采用纵横墙承重,外墙一般厚度为 370mm 或 240mm,内隔墙属于非承重墙,厚度一般为 120mm。该例的墙体结构使用的砖混 240mm,连廊墙体厚度为 120mm。

常用命令有:"_MLINE"(多线)、"MLSTYLE"(多线样式)、"_OFFSET"(偏移)。

砖混结构中,如果是承重墙,墙线一般用平行粗实线表示,而隔墙可只用平行细实线表示。编写轴号时,应按制图规范,对于承重墙应编写轴线号,而其他非承重墙只需要标明与墙轴线间的定位关系即可。墙体完成后如图 10-6 所示。

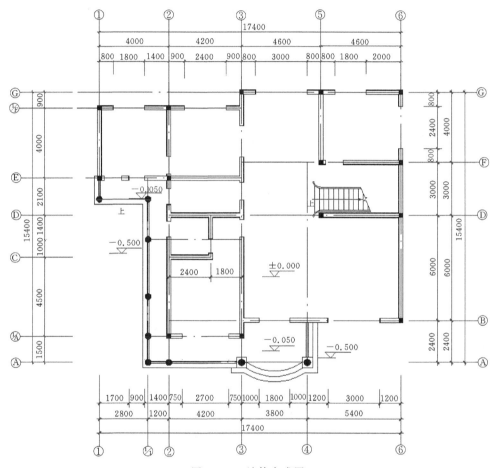

图 10-6 墙体完成图

6.绘制门、窗

窗户设计主要由建筑的采光、通风条件来确定。一般根据采光等级确定窗洞面积与地面面积的比值,其比值在 1/8 左右。同时还需要考虑其功能,以及美观和经济条件等。

(1)窗开洞。调用"直线"命令,单击"对象捕捉"工具栏上的"捕捉自"按钮,通过自基点偏移命令绘制窗户尺寸。该例中窗户有三种尺寸,即 1800mm、2400mm、3000mm。

(2)门开洞。该例中卧室门的尺寸为 1000mm,卫生间门的尺寸为 800mm,入户门的尺寸为 1200mm。

（3）绘制窗户。可使用多线绘制窗户，多线样式设置如图 10-7 所示。

图 10-7　窗户多线样式

（5）绘制门。绘制 1000mm×40mm 的矩形，再通过调用"圆弧"命令，绘制角度为 90°的圆弧，表示门的开启方向。

（6）为门窗编号。为门窗编号时，门的编号首字母为 M，窗的编号首字母为 C。后面四位数据中前两位为宽度，后两位为高度。完成后如图 10-8 所示。

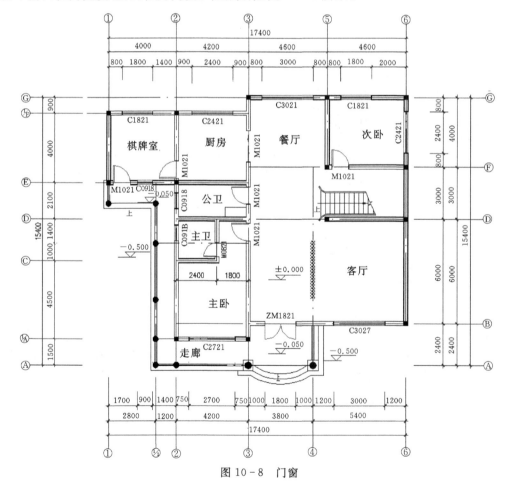

图 10-8　门窗

10.2.3 首层布置图的绘制

1.绘制家具模型

在实际绘图过程中,家具模型不需要设计师每次都重复制作,可以通过相应的文件制作成块文件,然后通过"插入"命令插入到相应的位置。在网络中也有成品的模型块文件可直接下载使用。

(1)通过块文件插入模型。如果需要使用以前制作好的文件,就必须将以前的模型以块文件的形式写入磁盘,通过块文件的形式将其插入到该文件中。常用命令为为"wblock"(写块)

(2)通过"设计中心"插入图块。AutoCAD 的"设计中心"类似于 Windows 的资源管理器。通过"设计中心",用户可以对图形、块、填充的图案及其他图形内容进行访问。常用命令为"ADCENTER"(设计中心),弹出如图 10-9 所示界面。

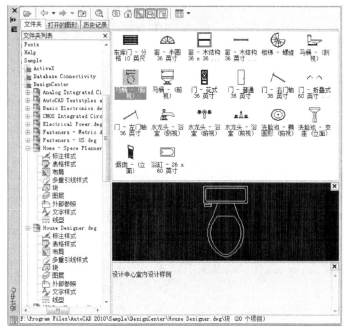

图 10-9 设计中心

2.文字注释

在 AutoCAD 中绘图时,不仅要对图形进行描绘,而且还需要进行一些文字注释,如图形的说明、技术要求及施工规范等。文字注释可以使用户直观地理解图形所要表达的信息,提供对象特征的描绘。我们以次卧为例,添加文字注释,完成后如图 10-10 所示。

10.2.4 客厅平面图的绘制

在首层布置图中利用复制命令复制出客厅平面图区域,利用删除命令删除平面图中多余的图形元素,以保留客厅中的元素及门窗,绘制客厅平面图的标注,最后绘制室内索引符号并定义为块。

1.复制客厅平面图

从首层布置图中复制出客厅部分的平面图,另存为"客厅平面图.dwg"。使用清理命令清理多余元素,常用命令为"PURGE",其功能为从当前图形中删除未使用的命名项目。这些项

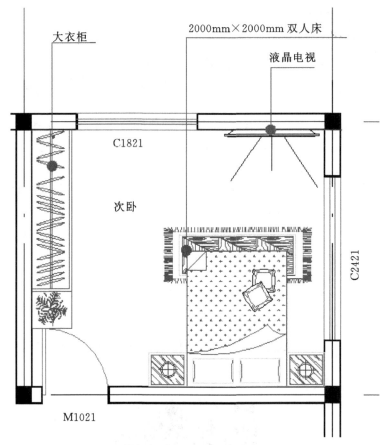

图 10-10 次卧文字注释

目包括块定义、标注样式、图层、线型以及文字样式。该命令还可以删除长度为零的几何图形和空文字对象。

完成后如图 10-11 所示。

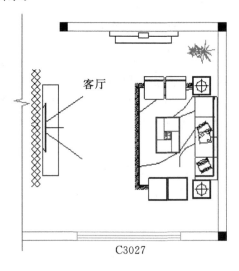

图 10-11 清理后客厅平面图

2. 绘制客厅平面图的标注

添加标注图层,设置标注样式,完成后如图 10-12 所示。

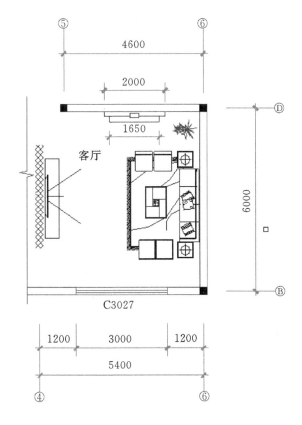

图 10-12 添加客厅平面图标注

3. 绘制索引图形图块

在场景中需要绘制索引图形中表明立面图样位置的注释图块。索引图形注释图块主要通过块的定义属性功能来实现。

索引图形绘制方法如下:

(1)绘制边长为 300mm 的正方形。

(2)正方形旋转 45°,绘制半径为 150mm 的圆,与正方形内切。

(3)添加正方形水平方向对角线,删除正方形下面部分两条边。

(4)填充背景,添加文字 A。

(5)依次复制 3 份,旋转组成大正方形。修改文字及文字方向。

完成后如图 10 - 11 所示。

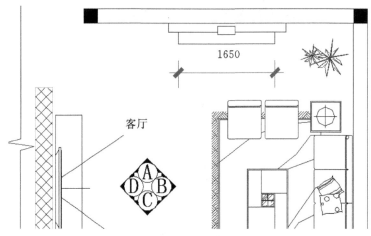

图 10 - 13　绘制客厅索引图形

10.3　客厅立面图 A 的绘制

　　室内立面图包括投影方向可见的室内轮廓线和装修构造、门窗、构配件、墙面做法、固定家具、灯具、必要尺寸和标高,以及需要表现的非固定家具、灯具、装饰物件等。

10.3.1　准备工作

　　建筑物室内立面图的名称可根据平面图中内视符号的编号或字母确定。打开客厅平面图,另存为"客厅立面图 A. dwg"。

　　通过图层管理器关闭与绘制无关的图层,如轴线图层、标注图层等。

　　通过删除与清理功能,清理多余的家具、线条。

　　完成后如图 10 - 14 所示。

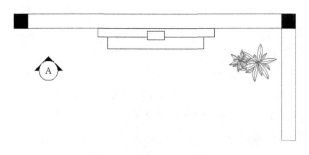

图 10 - 14　客厅立面图 A

10.3.2　绘制墙体定位线

（1）添加"粗实线"图层,设置线条宽度为 0.3mm。设置该图层为当前图层。

（2）绘制长度为 5000mm 的直线,作为室内地平线。

（3）利用偏移命令向上偏移 3200mm、100mm,作为楼板的定位线。

（4）利用直线命令,由平面图的墙体位置生成立面图的墙体定位线。

(5)利用修剪命令剪去多余的线。

完成后如图 10 - 15 所示。

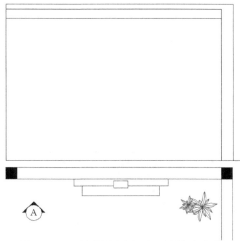

图 10 - 15　绘制客厅立面 A 墙体定位线

10.3.3　绘制图形元素

本例中客厅立面图 A 为装饰墙面和红酒储存柜,绘制步骤如下:

(1)新建文化墙图层,修改图层颜色。

(2)新建室内标注图层及标注样式,设置字高为 60mm。

完成后如图 10 - 16 所示。

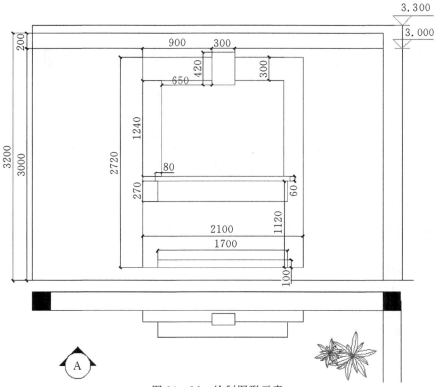

图 10 - 16　绘制图形元素

10.3.4 填充图形元素

本例中填充的图形元素为设计中心的块元素,用户也可从网络中查找喜欢的图形块进行装饰。操作步骤如下:

(1)添加填充图形图层,修改图层颜色。

(2)插入填充图案块。

(3)修改块大小。

完成后如图 10 - 17 所示。

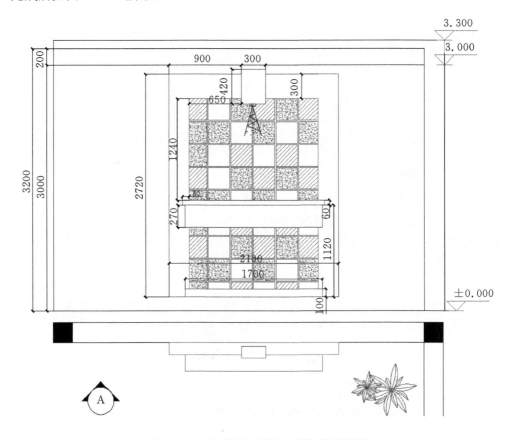

图 10 - 17　为客厅立面图 A 添加填充图形

10.3.5 标注设置

通过"快速引线"命令对图形进行注释。注释时应标明使用材料和制作工艺。操作步骤如下:

(1)添加室内标注图层,修改图层颜色。

(2)设计引线标注样式及字体。

(3)添加注释。

完成后如图 10 - 18 所示。

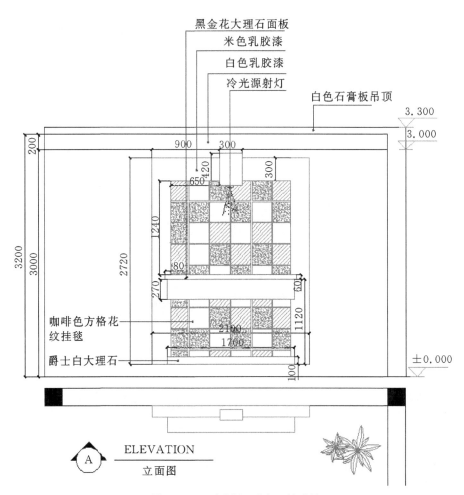

图 10-18 客厅立面图 A 的成品

10.4 客厅立面图 B 的绘制

10.4.1 准备工作

打开客厅平面图,另存为"客厅立面图 B.dwg"。

通过图层管理器关闭与绘制无关的图层,如轴线图层、标注图层等。

通过删除与清理功能,清理多余的家具、线条。

完成后如图 10-19 所示。

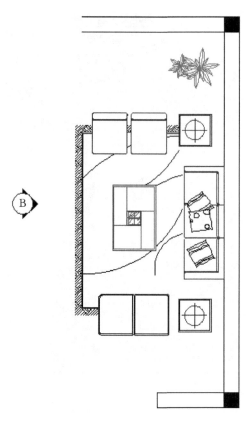

图 10 - 19 客厅立面图 B

旋转客厅元素,完成后如图 10 - 20 所示。命令操作如下:

命令:_ROTATE

选择对象:全部

指定基点:为右上角顶点

指定旋转角度,或 [复制(C)/参照(R)] <0>:90

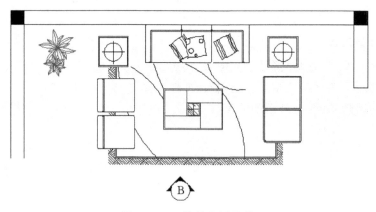

图 10 - 20 旋转客厅元素

10.4.2　绘制墙体定位线

添加墙体定位图层,通过偏移命令绘制墙体定位线。

添加室内标注图层,设置颜色及标注样式,添加室内标注。

完成后如图 10 - 21 所示。

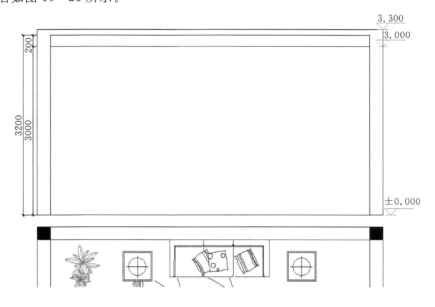

图 10 - 21　绘制墙体定位线

10.4.3　绘制图形元素

添加家具图层和挂毯图层,完成立面图层的绘制。可从 CAD 图库中找到相应图形立面图,完成如图 10 - 22 所示图形的绘制。

图 10 - 22　绘制图形元素

10.4.4 标注设置

添加标注图层，修改图层颜色，设置引线字体和样式。

完成后如图 10 - 23 所示。

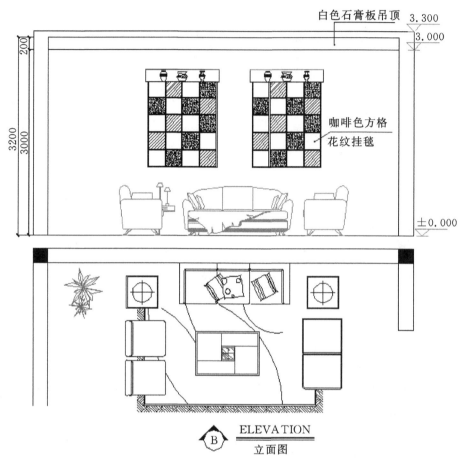

图 10 - 23　客厅立面图 B 的成品

10.5　别墅首层地坪图的绘制

地面材质铺设主要包括地砖、木地板的铺设。该工程具体可划分为基层处理、选材、辅料、施工方法、收尾处理等。

1. 基层处理

现在的施工项目基层可分为毛面基层、光面基层、拆除后基层等三种情况。毛面基层不需进行其他处理，只需在铺贴前用水将基层浸泡一段时间即可；光面基层在施工前需对原面进行凿毛处理，浸水后才可贴砖；拆除后基层因其拆除时遗留原结构层，所以应尽量清理干净，浸水后才可施工。

2. 选材

首先对瓷砖的选择，要使用的材料应花色和规格一致，边角无损伤，表面平整完好，这样才符合施工要求。

3.**辅料**

辅料包括水泥、沙子、勾缝剂等材料。水泥应使用目前国家颁布的标准 325♯水泥(425♯);沙子应使用经过筛选过的水洗沙,水泥水浆应按照 1∶2.5 的配比施工。

4.**施工方法**

铺贴前将干净的砖块放入水中浸 2 小时以上,待表面晾干后方可使用。对选好的砖应进行预排,以便砖缝能够均匀。

5.**收尾处理**

在铺贴室内大地砖前,应首先浸泡地面,放墙面水平线,定十字水平线,之后才可施工。在墙地砖铺贴完后,应使用白水泥或专业勾缝剂将砖缝勾好。

10.5.1 准备工作

打开首层平面图文件,另存为"首层地坪图.dwg"。

关闭轴线图层,删除不必要的图形元素,如家具、门、窗。

完成后如图 10-24 所示。

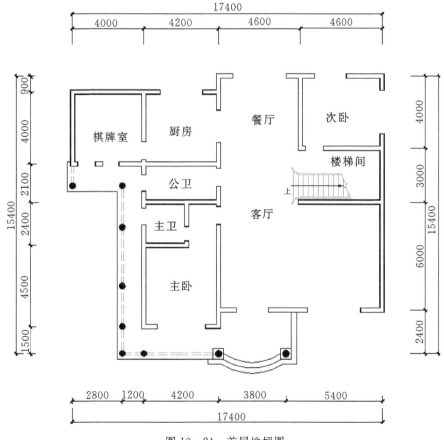

图 10-24 首层地坪图

10.5.2 填充墙体

按照建筑制图标准(GB/T 50104—2010)中的要求,砖混结构的墙体以斜实线填充。

在门、窗封口处,利用直线命令为门、窗添加投影线。

完成后如图 10 - 25 所示。

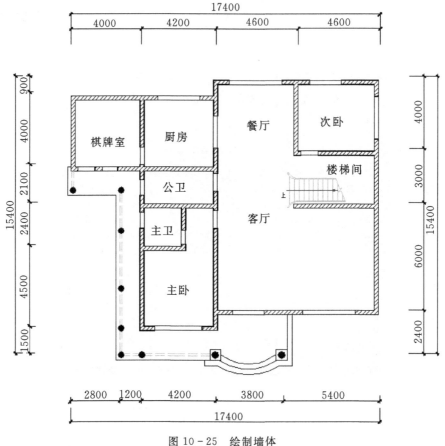

图 10 - 25 绘制墙体

10.5.3 根据房间用途填充图案

在室内外装饰设计中,可以利用填充图案的方式来表示施工中用的材料和材料的大致规格。

1. 填充厨房、卫生间

厨房、卫生间使用的是 300mm×300mm 的防滑地砖。调用"图案填充"命令,设置填充图案和比例,如图 10 - 26 所示。

2. 填充卧室

卧室常用的材料是实本地板,目前市场上供应的实木地板有长板(900mm × 90mm × 18mm)和短板(600mm×75mm×18mm)。地板尺寸涉及价格和房间的大小,大尺寸的地板价格较高,面积小的房间不适宜铺大尺寸的地板。

调用"图案填充"命令,设置填充图案和比例,如图 10 - 27 所示。

图 10 - 26 厨房、卫生间的"图案填充"命令

图 10 - 27 卧室"图案填充"命令

3.填充客厅、棋牌室和连廊

客厅、连廊常用的材质是地砖。该例中客厅使用 800mm×800mm 的浅色大理石地砖;棋牌室使用 600mm×600mm 的普通地砖;连廊使用 400mm×200mm 地砖。

完成后如图 10 - 28 所示。

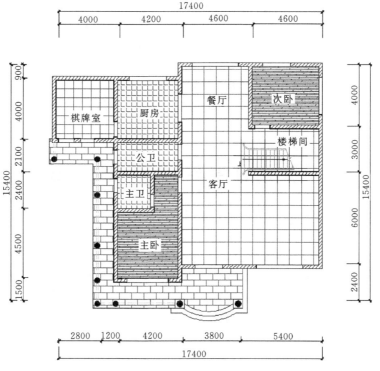

图 10 - 28 客厅、棋牌室和连廊填充后的效果

10.5.4　标注设置

添加标注图层,修改图层颜色。为每个房间添加引线标注。

完成后如图 10-29 所示。

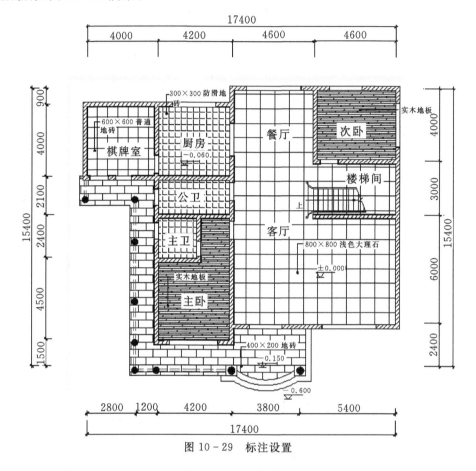

图 10-29　标注设置

10.6　别墅首层天花板布置图的绘制

对于室内不同的区域,在进行天花板设计时有不同的原则和要求。

(1)客厅一般可在天花的周边做吊顶,但层高较矮时不宜做吊顶。

(2)餐厅的天花吊顶造型应小巧精致。一般以餐桌为中心做成与之相对应的吊顶,造型可以依据桌面的造型做成方形或圆形,大小要大于桌面,也可自成体系做成其他形状的吊顶。

(3)厨房和卫生间的吊顶应考虑防水和易清洗,并且要考虑管道检修方便,一般使用 PVC扣板或铝合金扣板等。另外,为了卫生间便于通风,应当在顶部安装排气扇,使卫生间内形成负压,以使气流由居室流入卫生间。

10.6.1　准备工作

打开首层平面图,另存为"首层开花板布置图. dwg"。

利用图层清理功能,清理不用的图层。

完成后如图 10-30 所示。

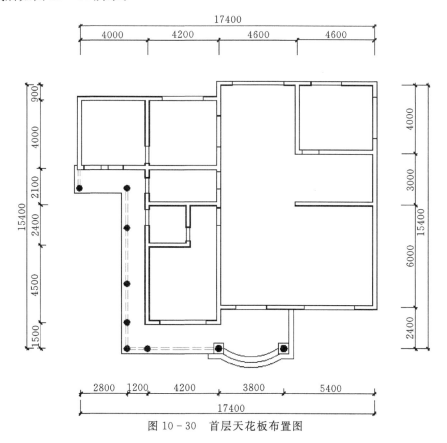

图 10-30 首层天花板布置图

10.6.2 绘制天花顶部效果

添加天花图层，使用直线命令绘制天花和墙体的分界线。

完成后如图 10-31 所示。

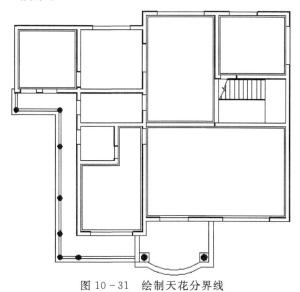

图 10-31 绘制天花分界线

10.6.3 绘制吊顶造型

在该例中为客厅和餐厅添加吊顶。添加吊顶图层,修改图层颜色。

使用圆弧"ARC"命令绘制客厅吊顶。

完成后如图 10 - 32 所示。

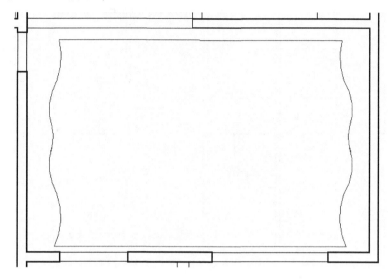

图 10 - 32 绘制客厅吊顶造型 A

使用圆"CIRCLE"命令绘制餐厅吊顶,内圈圆半径为 825mm,外圈圆线型为虚线。

完成后如图 10 - 33 所示。

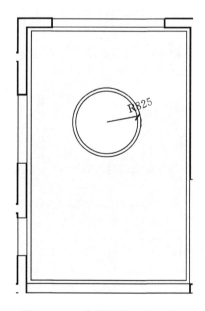

图 10 - 33 绘制餐厅吊顶造型 B

10.6.4　绘制灯具

对于室内不同位置的灯具有不同的要求,具体如下:

(1)客厅的主体照明位置应在高处,以天花为发光基础。除吊灯、吸顶灯等外露灯具外,可在天花做反光槽形成漫反射。

(2)餐厅应配置人工照明,一般在以餐桌为中心上方设置主体照明,大多采用吊顶。

(3)卫生间应使用具有防水、防潮功能的灯具。

(4)卧室属于私密性的空间,不宜过于强烈,顶部使用小吊顶或吸顶灯即可。

1.绘制吸顶灯

绘制吸顶灯,尺寸如图 10 - 34 所示。完成后定义为块图形。

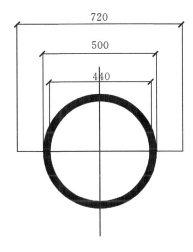

图 10 - 34　吸顶灯尺寸

2.绘制工艺吊灯

绘制客厅、餐厅的工艺吊灯,尺寸分别如图 10 - 35、图 10 - 36 所示。完后定义为块图形。

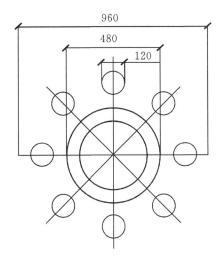

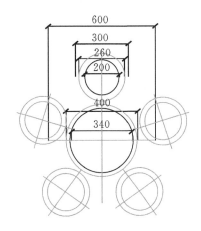

图 10 - 35　客厅工艺吊灯尺寸　　　　图 10 - 36　餐厅工艺吊灯

3.绘制格栅灯

绘制厨房格栅灯,尺寸如图 10 - 37 所示。完后定义为块图形。

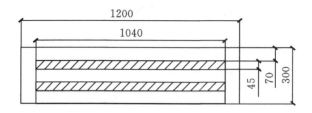

图 10 - 37　厨房格栅灯尺寸

4.绘制厨卫吊顶

利用填充图形命令绘制厨卫吊顶,该例中厨卫吊顶采用防水铝扣板。

完成后如图 10 - 38 所示。

5.放置灯具

将绘制的灯具复制到房间天花的各个位置。

完成后如图 10 - 39 所示。

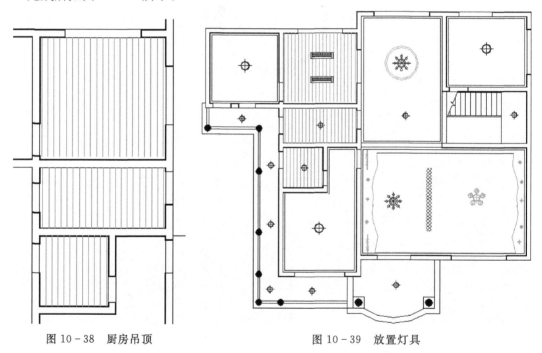

图 10 - 38　厨房吊顶　　　　　　　　　图 10 - 39　放置灯具

10.5.5　标注设置

添加标注图层,修改图层颜色。为每个房间添加引线标注、标高及文字说明。

完成后如图 10 - 40 所示。

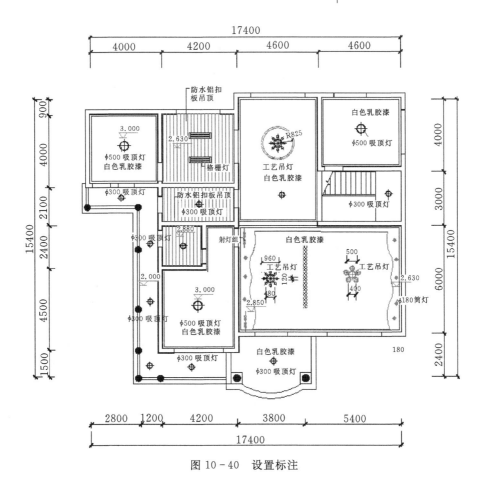

图 10-40 设置标注

附　表

附表 1　制图比例

图名	常用比例
平面图、顶棚图	1∶200　1∶100　1∶50
立面图	1∶100　1∶50　1∶30　1∶20
结构详图	1∶50　　1∶30　1∶20　1∶10　1∶5　1∶2　1∶1

附表 2　建筑制图常用图线及其用途

名称	线型	线宽	用途
粗实线	▬▬▬▬	b	1. 平、剖面图中被剖切的主要建筑构造的轮廓线 2. 建筑立面图或室内立面图的外轮廓线 3. 建筑构造详图中被剖切的主要部分的轮廓线 4. 建筑构配件详图中的外轮廓线 5. 平、立剖面图的剖切符号
中实线	▬▬▬	0.5b	1. 平、剖面图中被剖切的次要建筑构造的轮廓线 2. 平、立剖面图中建筑构配件的轮廓线 3. 建筑构造详图及构配件详图中一般轮廓线
细实线	———	0.25b	小于 0.5b 的图形、尺寸线、尺寸界限、图例线、索引符号、标高符号、详图材料做法和引出线等
中虚线	– – – –	0.5b	1. 建筑构造详图及构配件不可见的轮廓线 2. 平面图中的起重机(吊车)轮廓线 3. 拟扩建的建筑物轮廓线
细虚线	- - - -	0.25b	图例线,小于 0.5b 的不可见轮廓线
粗单点长划线	–·–·–·–	b	起重机(吊车)轨道线
细单点长划线	-·-·-·-	0.25b	中心线、对称线、定位轴线
折断线	——⌇——	0.25b	不需画全的断开界线
波浪线	～～～	0.25b	不需画全的断开界线、构造层次的断开界线

注:1. b＝1 磅

　　2. 地平线的线宽可以用 1.4b

附表 3　常用材料图例

名称	图例	备注
自然土壤		包括各种自然土壤
夯实土壤		
砂、灰土		靠近轮廓线绘制较密的点
砂砾石、碎砖三合土		
石材		应注明大理石或花岗岩及光洁度
毛石		应注明石料块面大小及品种
普通砖		包括实心砖、多孔砖、砌块等砌体;断面较窄不易绘出图例线时,可涂红
新砌普通砖		包括实心砖、多孔砖、砌块等砌体;断面较窄不易绘出图例线时,可涂红
轻质砌块砖		非承重砌砖体
耐火砖		包括耐酸砖等砌体
轻钢龙骨纸面石膏板隔墙		
饰面砖		包括铺地砖、马赛克、陶瓷锦砖、人造大理石等
焦渣、矿渣		包括与水泥、石灰等混合而成的材料
混凝土		能承重的混凝土及钢筋混凝土,包括各种强度等级、骨料、添加剂的混凝土
钢筋混凝土		在剖面图上画出钢筋时,不画出图例线;断面图形小,不易画出图例线时,可涂黑
多孔材料		包括水泥珍珠岩、沥青珍珠岩、泡沫混凝土、非承重混凝土、软木、蛭石制品等

续附表 3

名称	图例	备注
纤维材料	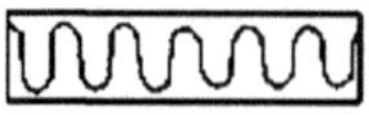	包括矿棉、岩棉、玻璃棉、麻丝、木丝板、纤维板等
泡沫塑料材料	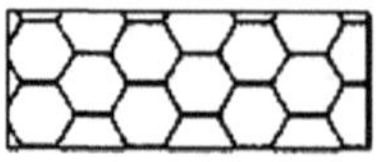	包括聚苯乙烯、聚乙烯、聚氨酯等多孔聚合物类材料
松散材料	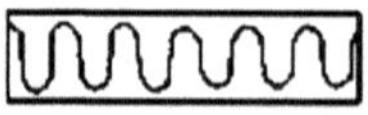	应注明材料名称
密度板	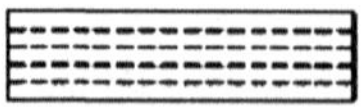	应注明厚度

附表 4　定位轴线编号和标高符号

符号	说明	符号	说明
	在 2 号轴线之后附加的第二根轴线		在 A 轴线之后附加的第一根轴线
	在 A 轴线之前附加的第一根轴线		楼地面平面图上的标高符号
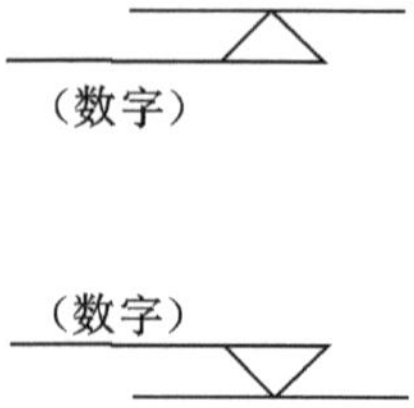	用于左边标注	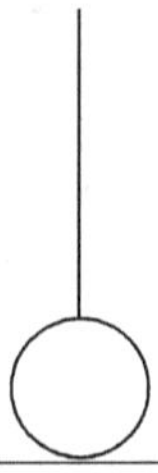	通用详图的轴线,只画圆圈不注编号
	详图中用于两根轴线	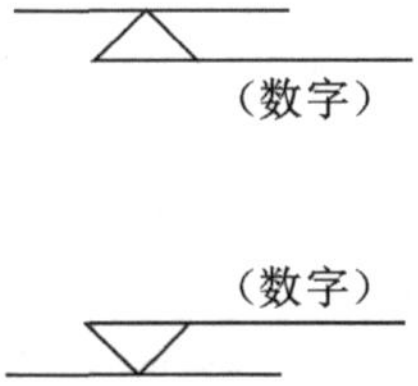	用于右边标注
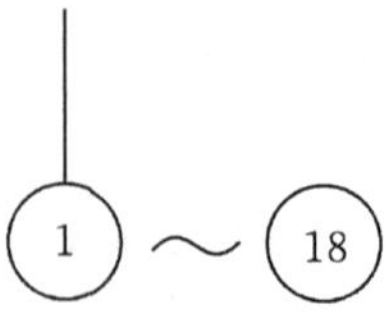	详图中用于两根以上多根连续轴线		用于多层标注
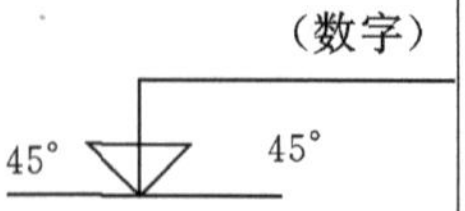	立面图、平面图上的标高符号	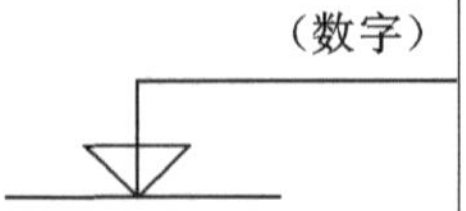	用于特殊情况标注

附表 5　总平面图例

图例	名称	图例	名称
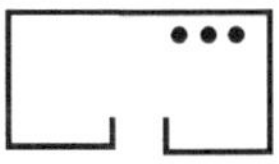	新设计的建筑物,右上角以点表示层数	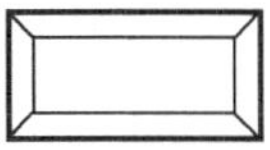	散装材料、露天堆场
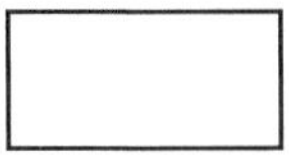	原有的建筑物	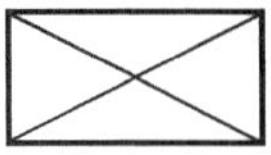	其他材料露天堆场或露天作业场
	计划扩建的建筑物		露天桥式吊车
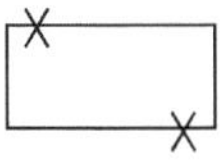	要拆除的建筑物	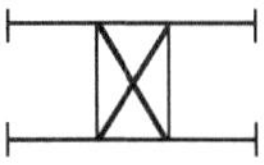	龙门吊车
	地下建筑物或构建物		烟囱
	砖、混凝土或金属材料围墙		计划的道路
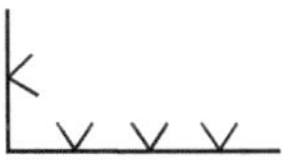	镀锌铁丝网、篱笆等围墙	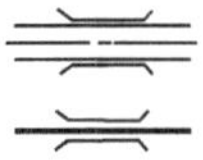	公路桥 铁路桥
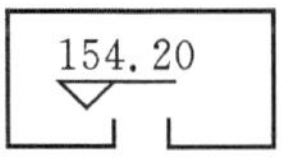 154.20	室内地平标高		护坡
 143.00	室外整平标高		风向频率玫瑰图
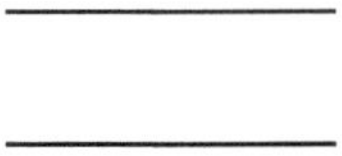	原有的道路		指北针

附表 6　建筑图例

图例	名称	图例	名称
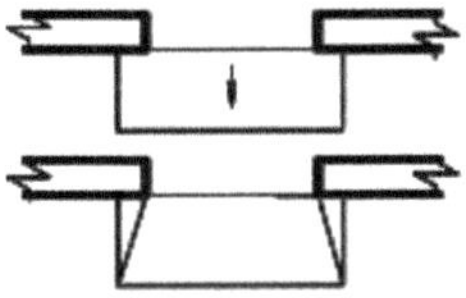	入口坡道	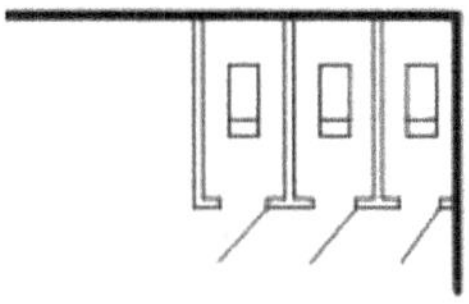	厕所间
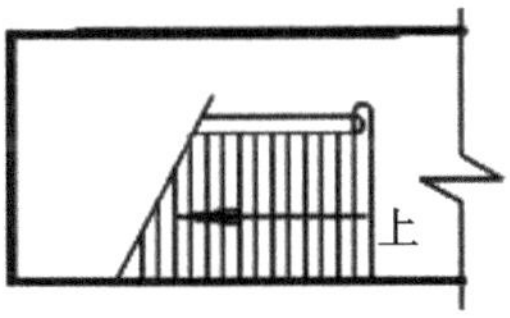	底层楼梯	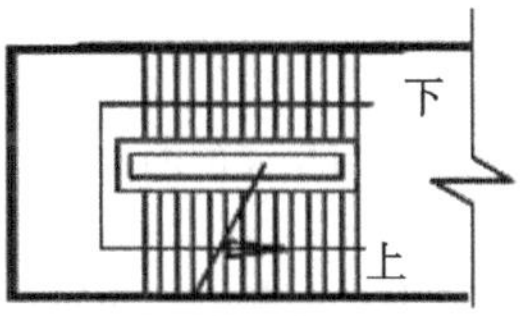	中间层楼梯

图例	名称	图例	名称
	顶层楼梯		对开折门 双扇双面弹簧门
	淋浴小间		高窗
	空门洞单扇门		单扇双面弹簧门 双扇门
	单层外开上悬窗		单层中悬窗
	单层固定窗		单层外开平开窗
	墙上预留洞口 墙上预留槽		检查孔 地面检查孔 吊顶检查孔

附表 7　详图索引符号

符号	说明
详图的编号 详图在本张图纸上 局部剖面详图的编号 剖面详图在本张图纸上	细实线绘制,圆直径应为 10mm 详图在本张图纸上

符号	说明
⑤ 详细的编号 ④ 详图所在的图纸编号 ⑤ 局部剖面详图的编号 ④ 剖面详图所在的图纸编号	详图不在本张图纸上
标准图册编号 J103 ⑤ 详图的编号 ④ 详图所在的图纸编号	标准详图
⑤ 详图的编号	粗实线绘制,圆直径应为 14mm 被索引的在本张图纸上
⑤ 详图的编号 ② 被索引的图纸编号	被索引的不在本张图纸上

参考文献

[1]郭慧. AutoCAD 建筑制图教程[M].北京：北京大学出版社,2009.

[2]董岚,刘华斌.建筑工程 CAD[M].郑州：黄河水利出版社,2011.

[3]杨聪. AutoCAD 2008 建筑制图案例实训教程[M].北京：科学出版社,2010.

[4]何倩玲. CAD 2010 基础教程[M].北京：中国建筑工业出版社,2011.

高职高专"十三"建筑及工程管理类专业系列规划教材

> **建筑设计类**
(1)建筑物理
(2)建筑初步
(3)建筑模型制作
(4)建筑设计概论
(5)建筑设计原理
(6)中外建筑史
(7)建筑结构设计
(8)室内设计基础
(9)手绘效果图表现技法
(10)建筑装饰制图
(11)建筑装饰材料
(12)建筑装饰构造
(13)建筑装饰工程项目管理
(14)建筑装饰施工组织与管理
(15)建筑装饰施工技术
(16)建筑装饰工程概预算
(17)居住建筑设计
(18)公共建筑设计
(19)工业建筑设计
(20)商业建筑设计
(21)城市规划原理
(22)建筑装饰装修工程施工
(23)建筑装饰综合实训

> **土建施工类**
(1)建筑工程制图与识图
(2)建筑识图与构造
(3)建筑材料
(4)建筑工程测量
(5)建筑力学
(6)建筑 CAD
(7)工程经济
(8)钢筋混凝土

(9)房屋建筑学
(10)土力学与地基基础
(11)建筑结构
(12)建筑施工技术
(13)钢结构
(14)砌体结构
(15)建筑施工组织与管理
(16)高层建筑施工
(17)建筑抗震设计
(18)工程材料试验
(19)无机胶凝材料项目化教程
(20)文明施工与环境保护
(21)地基与基础工程施工
(22)混凝土结构工程施工
(23)砌体工程施工
(24)钢结构工程施工
(25)屋面与防水工程施工
(26)现代木结构工程施工与管理
(27)建筑工程质量控制
(28)建筑工程英语
(29)建筑工程识图实训
(30)建筑工程技术综合实训

> **建筑设备类**
(1)建筑设备
(2)电工基础
(3)电子技术基础
(4)流体力学
(5)热工学基础
(6)自动控制原理
(7)单片机原理及其应用
(8)PLC 应用技术
(9)建筑弱电技术
(10)建筑电气控制技术

(11)建筑电气施工技术　　　　　　(5)房地产市场营销策划
(12)建筑供电与照明系统　　　　　(6)房地产经纪
(13)建筑给排水工程　　　　　　　(7)房地产测绘
(14)楼宇智能基础　　　　　　　　(8)房地产基本制度与政策
(15)楼宇智能化技术　　　　　　　(9)房地产金融
(16)中央空调设计与施工　　　　　(10)房地产开发企业会计

＞ **工程管理类**　　　　　　　　(11)房地产投资分析
(1)建设工程概论　　　　　　　　(12)房地产项目管理
(2)建筑工程项目管理　　　　　　(13)房地产项目策划
(3)建设法规　　　　　　　　　　(14)物业管理
(4)建设工程招投标与合同管理
(5)建设工程监理概论　　　　　＞ **工程造价类**
(6)建设工程合同管理　　　　　　(1)工程造价管理
(7)建筑工程经济与管理　　　　　(2)建筑工程概预算
(8)建筑企业管理　　　　　　　　(3)建筑工程计量与计价
(9)建筑企业会计　　　　　　　　(4)平法识图与钢筋算量
(10)建筑工程资料管理　　　　　　(5)工程计量与计价实训
(11)建筑工程资料管理实训　　　　(6)工程造价控制
(12)建筑工程质量与安全管理　　　(7)建筑设备安装计量与计价
(13)工程管理专业英语　　　　　　(8)建筑装饰计量与计价

＞ **房地产类**　　　　　　　　　(9)建筑水电安装计量与计价
(1)房地产开发与经营　　　　　　(10)工程造价案例分析与实务
(2)房地产估价　　　　　　　　　(11)工程造价实用软件
(3)房地产经济学　　　　　　　　(12)工程造价综合实训
(4)房地产市场调查　　　　　　　(13)工程造价专业英语

欢迎各位老师联系投稿！

联系人:祝翠华

手机:13572026447　　办公电话:029－82665375

电子邮件:zhu_cuihua@163.com　　37209887@qq.com

QQ:37209887(加为好友时请注明"教材编写"等字样)

土建类教学出版交流群 QQ:290477505(加入时请注明"学校＋姓名＋方向"等)

图书在版编目(CIP)数据

建筑 CAD/郑日忠主编. —西安:西安交通大学
出版社,2015.5(2021.8重印)
高职高专"十三五"建筑及工程管理类专业系列
规划教材
ISBN 978-7-5605-7259-8

Ⅰ.①建… Ⅱ.①郑… Ⅲ.①建筑设计-计算机
辅助设计-AutoCAD 软件-高等职业教育-教材
Ⅳ.①TU201.4

中国版本图书馆 CIP 数据核字(2015)第 079873 号

书　　名	建筑 CAD	
主　　编	郑日忠	
责任编辑	祝翠华	

出版发行	西安交通大学出版社	
	(西安市兴庆南路 1 号　邮政编码 710048)	
网　　址	http://www.xjtupress.com	
电　　话	(029)82668357　82667874(发行中心)	
	(029)82668315(总编办)	
传　　真	(029)82668280	
印　　刷	西安日报社印务中心	

开　　本	787mm×1092mm　1/16	印张 12.25	字数 290 千字
版次印次	2015 年 7 月第 1 版　　2021 年 8 月第 4 次印刷		
书　　号	ISBN 978-7-5605-7259-8		
定　　价	26.80 元		